E-Business

Lizenz zum Wissen.

Sichern Sie sich umfassendes Technikwissen mit Sofortzugriff auf
tausende Fachbücher und Fachzeitschriften aus den Bereichen:
Automobiltechnik, Maschinenbau, Energie + Umwelt, E-Technik,
Informatik + IT und Bauwesen.

Exklusiv für Leser von Springer-Fachbüchern: Testen Sie Springer
für Professionals 30 Tage unverbindlich. Nutzen Sie dazu im
Bestellverlauf Ihren persönlichen Aktionscode C0005406 auf
www.springerprofessional.de/buchaktion/

Jetzt
30 Tage
testen!

Springer für Professionals.
Digitale Fachbibliothek. Themen-Scout. Knowledge-Manager.

- Zugriff auf tausende von Fachbüchern und Fachzeitschriften
- Selektion, Komprimierung und Verknüpfung relevanter Themen
  durch Fachredaktionen
- Tools zur persönlichen Wissensorganisation und Vernetzung

www.entschieden-intelligenter.de

Springer für Professionals

Christian Aichele · Marius Schönberger

E-Business

Eine Übersicht für
erfolgreiches B2B und B2C

 Springer Vieweg

Christian Aichele
Fachbereich Betriebswirtschaft
Hochschule Kaiserslautern
Zweibrücken, Deutschland

Marius Schönberger
Fachbereich Betriebswirtschaft
Hochschule Kaiserslautern
Zweibrücken, Deutschland

ISBN 978-3-658-13686-4   ISBN 978-3-658-13687-1 (eBook)
DOI 10.1007/978-3-658-13687-1

Die Deutsche Nationalbibliothek verzeichnet diese Publikation in der Deutschen National-
bibliografie; detaillierte bibliografische Daten sind im Internet über http://dnb.d-nb.de abrufbar.

Springer Vieweg
© Springer Fachmedien Wiesbaden 2016

Gedruckt auf säurefreiem und chlorfrei gebleichtem Papier

Springer Vieweg ist Teil von Springer Nature
Die eingetragene Gesellschaft ist Springer Fachmedien Wiesbaden GmbH

Vorwort

Der Einsatz von E-Business in Unternehmen und im privaten Umfeld hat in den letzten Jahren eine enorme Steigerung erfahren. Gründe hierfür sind mehrere relevante Ursachen, so etwa die zunehmende Funktionalität der Informations- und Kommunikationstechnik (IKT), die Internationalisierung und Globalisierung sowie ein daraus resultierender, dynamischer Wandel in vielen Unternehmensbereichen (vgl. Aichele 2006, S. 30). Darüber hinaus müssen sich Unternehmen gegenwärtig und zukünftig einem verschärfenden Wettbewerb, immer kürzer werdenden Produktlebenszyklen sowie einem fortschreitenden Kostendruck stellen. Diese Herausforderungen gelten für Großunternehmen, als auch für kleine und mittelständische Unternehmen (KMU) und Handwerksbetriebe.

Die Informations- und Kommunikationstechnologie (IKT) hat in den letzten Dekaden die Geschäftsprozesse der Unternehmen immer mehr unterstützt. Dabei wurden von einer anfänglichen partiellen Digitalisierung der Daten und Abläufe bis hin zu einer semi-automatisierten Durchführung der Prozesse, mit einer weitestgehend papierfreien Bearbeitung, die Abläufe optimiert. Im weitesten Sinne stellten diese, mit IKT unterstützen Geschäftsprozesse, das elektronische Geschäft – E-Business – dar. Speziell in der Automobilbranche machte die Digitalisierung aus Gründen der Rationalisierung nicht an den eigenen Unternehmensgrenzen halt; insbesondere die Lieferantenbeziehungen wurden frühzeitig digitalisiert. In diesem Kontext machten Just-in-Time- und Just-In-Sequence-Belieferungen, in Verbindung mit unternehmensübergreifenden IKT, eine enge Verzahnung der Automobilhersteller mit den Lieferanten und Vorlieferanten notwendig. Das Electronic Data Interchange (EDI), zur Abstimmung von Lieferplänen und Liefereinteilungen, zur Logistikplanung und -durchführung sowie zur Ankündigung der Lieferungen, digitalisierte die Lieferanten-Kundenprozesse und generierte mit den Supply Chain Management Systemen das elektronische Geschäft. Diese Initialisierung des E-Business blieb jedoch für den Konsumenten, bis auf die Tatsache, dass die Lieferzeiten für bspw. PKWs, trotz eines enormen Variantenangebots, immer kürzer wurden, im Hintergrund verborgen. Erst die Verbreitung des Internets mit dem massiv ausgeweiteten Angebot im Business-to-Consumer Bereich machte E-Business für jeden greifbar und verständlich.

Die nachfolgenden Ausführungen basieren auf den Publikationen „App4U" von Christian Aichele und Marius Schönberger aus dem Jahr 2014 und den Inhalten aus Vorlesungen und Übungen zu E-Business und verwandten Themen an der Hochschule Kaiserslautern und der Verwaltungsakademie Mannheim. Dieses Buch ist als Aggregation aus aktuellen wissenschaftlichen Methoden und den Praxiserfahrungen aus E-Business-Projekten aus unterschiedlichsten Bereichen und Branchen zu verstehen. Dabei werden aktuelle Trends und Entwicklungen kumuliert vorgestellt und erklärt.

Das vorliegende Buch richtet sich nicht nur an Studierende aus der Wirtschaftswissenschaft, der Wirtschaftsinformatik und der Informatik an Universitäten, Fachhochschulen, Berufsakademien und anderen Bildungseinrichtungen, sondern auch an Praktiker aus Wirtschaft und Verwaltung.

Ketsch   Christian Aichele
Homburg   Marius Schönberger
Mai 2016

Inhaltsverzeichnis

Abkürzungsverzeichnis

A2A	Administration-to-Administration
A2B	Administration-to-Business
A2C	Administration-to-Consumer
AGB	Allgemeine Geschäftsbedingung
AJAX	Asynchronous JavaScript and XML
B2A	Business-to-Administration
B2B	Business-to-Business
B2C	Business-to-Commerce
BIC	Bank Identifier Code
C2A	Consumer-to-Administration
C2B	Consumer-to-Business
C2C	Consumer-to-Consumer
CRM	Costumer-Relationship-Management
DPS	Desktop Purchasing System
EDI	Electronic Data Interchange
ELSTER	Elektronische Steuererklärung
E-RFI	Electronic Request for Information
E-RFP	Electronic Request for Proposal
E-RFQ	Electronic Request for Quotation
ERP	Enterprise Ressource Planning
GSM	Global System for Mobile Communication
HTTP	Hypertext Transfer Protocol
IBAN	International Bank Account Numbers
IKT	Informations- und Kommunikationstechnologie
ISO	Internationale Organisation für Normung
KMU	Kleine und mittelständische Unternehmen

LTE   Long Term Evolution
PSP   Payment Service Provider
RIA   Rich Internet Application
RSS   Really Simple Syndication
SEPA   Single Euro Payments Area
TAN   Transaktionsnummer
UMTS   Universal Mobile Telecommunications System

E-Business

1

1.1 Grundlagen des E-Business

1.1.1 Definitionen des Begriffs E-Business

Electronic Business (E-Business) zählt zu einem der bedeutendsten Anwendungsgebiete der neuen digitalen Informations- und Kommunikationstechnologien (IKT). Hierbei wird das Internet als universelle Technikplattform als Chance zur Erweiterung der Handlungsfähigkeit einzelner Personen und Organisationen, für den Kauf und Verkauf von physischen als auch digitalen Waren und Dienstleistungen, zur Vertiefung grenzüberschreitender Kontakte und zur Steuerung von Geschäftsprozessen angesehen (vgl. Wirtz 2013, S. 17; Meier und Stormer 2012, S. 2; Laudon et al. 2010, S. 573).

Im Zuge des gesellschaftlichen Wandels von der Industriegesellschaft hin zur Informationsgesellschaft gewann der Faktor Information gegenüber dem Faktor Produktion an Bedeutung. Mit dem Voranschreiten der Informationsgesellschaft und damit auch der zuvor beschriebenen Internetökonomie ändern sich insbesondere auch die damit verbundenen wirtschaftlichen Strukturen. Viele Unternehmen haben dadurch ihre Geschäftsprozesse in das Internet verlagert und können auf Basis moderner IKT umfassende elektronische Geschäfte realisieren, was zum Begriff E-Business führt (vgl. Wirtz 2013, S. 16; Meier und Stormer 2012, S. 2). Wirtz definiert den Begriff E-Business wie folgt:

▶ **E-Business** Unter dem Begriff E-Business wird die Anbahnung sowie die teilweise respektive vollständige Unterstützung, Abwicklung und Aufrechterhaltung von Leistungsaustauschprozessen zwischen ökonomischen Partnern mittels Informationstechnologie (elektronischer Netze) verstanden (Wirtz 2013, S. 22).

© Springer Fachmedien Wiesbaden 2016
C. Aichele und M. Schönberger, *E-Business*,
DOI 10.1007/978-3-658-13687-1_1

Eine ähnliche Begriffsbestimmung wird durch Meier und Stormer gegeben:

▶ **E-Business** […] bedeutet Anbahnung, Vereinbarung und Abwicklung elektronischer Geschäftsprozesse, d. h. Leistungsaustausch zwischen Marktteilnehmern mithilfe öffentlicher oder privater Kommunikationsnetze (resp. Internet), zur Erzielung einer Wertschöpfung (Meier und Stormer 2012, S. 2).

Nach Meier und Stormer können als Leistungsanbieter und Leistungsnachfrager Unternehmen, öffentliche Institutionen oder private Konsumenten auftreten (siehe Abschn. 1.2). Weiterhin müssen die elektronischen Geschäftsbeziehungen einen Mehrwert schaffen. Dies kann in monetärer oder immaterieller Form geschehen (vgl. Meier und Stormer 2012, S. 2).

Aus den aufgeführten Begriffserklärungen zum E-Business wird ersichtlich, dass der Einsatz von Informationstechnologie, Kommunikationsnetze und -endgeräte die Voraussetzung für die Realisierung elektronischer Geschäftsbeziehungen und -abwicklungen darstellt. Dieser Aspekt wird auch in weiteren Definitionsansätzen aufgegriffen (vgl. bspw. Kollmann 2013, S. 45 oder Maaß 2008, S. 2 oder Fettke und Loos 2003, S. 31).

1.1.2 Akteure und Aktivitäten des E-Business

Die Aktivitäten des E-Business können in die Teilgebiete E-Commerce, E-Communication, E-Education und E-Information bzw. E-Entertainment systematisiert werden. Aufgrund der divergierenden Charakteristika und Intentionen der Aktivitäten kann eine funktionale Trennung der Teilgebiete erfolgen (vgl. Wirtz 2013, S. 29). In Abb. 1.1 werden die Akteure und Aktivitäten des E-Business zusammenfassend dargestellt.

E-Commerce
Beim E-Commerce werden die Möglichkeiten elektronischer IKT genutzt, um die Leistungsaustauschprozesse Anbahnung, Aushandlung und Abschluss von Handelstransaktionen zwischen Wirtschaftssubjekten mittels digitaler Netzwerke zu realisieren. Beispiele für Aktivitäten des E-Commerce sind das elektronische Aushandeln von Preisen oder die digitale Unterzeichnung von bspw. Lieferantenrechnungen (vgl. Wirtz 2013, S. 30). Eine detaillierte Betrachtung des Gegenstands E-Commerce erfolgt in Kap. 2.

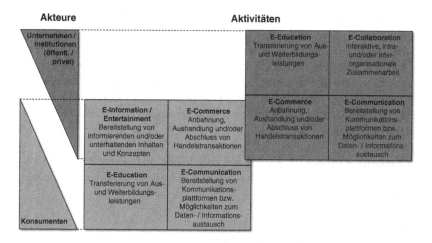

Abb. 1.1 Akteure und Aktivitäten des E-Business. (Bildrechte: in Anlehnung an Wirtz 2013, S. 30)

E-Collaboration

Unter dem Begriff E-Collaboration werden Maßnahmen zusammengefasst, die die zeit- und entfernungsunabhängige Zusammenarbeit räumlich getrennter Unternehmen oder Unternehmenseinheiten mit Hilfe von IKT ermöglicht (vgl. Kollmann 2013, S. 152). E-Collaboration zielt dabei auf die Unterstützung, Optimierung und Flexibilisierung von Prozessen, Anwendungen und des Datentransfers ab, die mit der Erstellung oder dem Austausch von Leistungen verbunden sind (vgl. Wirtz 2013, S. 31). Beispiele für Aktivitäten der E-Collaboration sind über das Internet stattfindende Video- bzw. Telefonkonferenzen oder Internetanwendungen für die gemeinsame Erstellung von Dokumenten (vgl. Kollmann 2013, S. 152). Zusammenfassend kann der Begriff E-Collaboration wie folgt definiert werden:

▶ **E-Collaboration** [...] bezeichnet die elektronische, netzwerkbasierte, interaktive, intra- oder interorganisationale Zusammenarbeit (Wirtz 2013, S. 31).

E-Communication

E-Communication ermöglicht die Bereitstellung von Kommunikationsmöglichkeiten zur aufgaben- bzw. interessenbezogenen Verständigung. Der Kommunikationsprozess kann hierbei ein- oder wechselseitig durchgeführt werden und basiert auf dem Einsatz von IKT, wie bspw. E-Mail, Videokonferenzen oder den

Möglichkeiten von Social Media (siehe Abschn. 5.2.2). Das Ziel von E-Communication besteht ebenfalls in der Optimierung und Flexibilisierung sowie in der Koordinierung von Kommunikationsprozessen (vgl. Wirtz 2013, S. 31; Kollmann 2013, S. 14). Beispiele für Aktivitäten der E-Communication sind per Email versendete Newsletter über aktuelle Angebote eines Unternehmens oder ein Online-Portal, welches die Möglichkeit bietet, Fragen über ein Produkt online an den Hersteller zu senden. Der Begriff E-Communication kann abschließend wie folgt charakterisiert werden:

▶ **E-Communication** [...] umfasst die entgeltliche und unentgeltliche Bereitstellung und Nutzung netzwerkbasierter und elektronischer Kommunikationsplattformen (Wirtz 2013, S. 32).

E-Education

Das Ziel der E-Education besteht in der Transferierung von Aus- und Weiterbildungsleistungen über elektronische Netzwerke. Hierbei sollen Bildungsangebote ressourceneffizient sowie raum- und zeitunabhängig zur Verfügung gestellt werden. Dabei können die Bildungsinhalte entweder innerhalb einer Unternehmung als auch von unternehmensexternen Dritten angeboten werden. Im Vergleich zur reinen Darstellung von Informationen werden im E-Education Aus- und Weiterbildungsinhalte für die Lernenden didaktisch aufgebaut. Neben dem Vermitteln von Fakten sollen weiterhin Kompetenzen geschult werden, bspw. analytische Fähigkeiten, strukturiertes Denken oder Problemlösungskompetenzen (vgl. Wirtz 2013, S. 32, 297). Beispiele für Aktivitäten der E-Education sind ein virtuelles Bildungsnetzwerk für die Erlernung einer Fremdsprache oder ein Online-Portal für den Download von Vorlesungsunterlagen einer Universität. Nachfolgend wird der Begriff E-Education zusammenfassend definiert:

▶ **E-Education** [...] umfasst die Transferierung von Aus- und Weiterbildungsleistungen an Dritte mittels elektronischer Netzwerke (Wirtz 2013, S. 32).

E-Information und E-Entertainment

Im Rahmen des E-Information bzw. des E-Entertainment stehen informative, problemlösungsorientierte oder unterhaltende Inhalte im Vordergrund. Ziel ist es, über elektronische Netzwerke sowie in Verbindung mit verschiedenen Anwendungen der IKT, einer Vielzahl an Empfängern den Zugriff auf diese Inhalte zu ermöglichen. Besonderheit besteht in dem Angebot immaterieller Güter, die auch bei mehrfacher Nutzung durch ein oder mehrerer Empfänger nicht verbraucht werden. Oftmals wird durch die Anbieter solcher Inhalte kein kommerzielles Interesse verfolgt und mehr ein Informationsauftrag wahrgenommen (vgl. Wirtz 2013, S. 33, 288 f.; Kollmann 2013, S. 14 f.). Beispiele für Aktivitäten des E-Information bzw. des E-Entertainment sind die Videoplattform *YouTube* oder die Online-Enzyklopädie *Wikipedia*. Zusammenfassend können die Begriffe E-Information und E-Entertainment wie folgt definiert werden:

▶ **E-Information und E-Entertainment** [...] beinhaltet die Bereitstellung von informierenden und/oder unterhaltenden Inhalten und Konzepten für Dritte über elektronische Netzwerke.

1.2 Geschäftsbereiche des E-Business

Wie bereits in Abschn. 1.1 dargestellt, zählen zu den Akteuren des E-Business alle Anbieter oder Empfänger von elektronisch basierten oder induzierten Leistungsaustauschprozessen (siehe Abb. 1.1). Praktisch können somit Unternehmen (Business), Einrichtungen der öffentlichen Hand (Administration) und private Konsumenten (Consumer) als Marktteilnehmer agieren. Treten diese in Interaktion, können insgesamt neun grundsätzliche Geschäftsbeziehungen (Geschäftsbereiche) entstehen (vgl. Wirtz 2013, S. 23; Meier und Stormer 2012, S. 3). Die hierbei entstehenden E-Business-Szenarien sind in Abb. 1.2 dargestellt und werden nachfolgend näher erläutert.

Administration-to-Administration (A2A)
Der Geschäftsbereich A2A umfasst die elektronische Abwicklung von Informationsaufgaben zwischen nationalen und internationalen behördlichen Einrichtungen. Die hauptsächlich über Online-Informationssystemen stattfindende Kommunikation dient vorrangig dem Abgleich von Formularen, Listen und Verzeichnissen zwischen den Verwaltungsstellen. Als Beispiel ist das Bundesverwaltungsamt zu nennen, welches in seiner Funktion für Personal- und IT-Angelegenheiten zuständig ist und dementsprechend hierfür elektronische Dienstleistungen bereitstellt (vgl. Wirtz 2013, S. 26).

Administration-to-Business (A2B)
Interaktionen im Geschäftsfeld A2B erfolgen zwischen dem Staat (resp. dessen Behörden und Verwaltungseinrichtungen) und Unternehmen. Hierbei soll ein einfacher Leistungsaustausch über eine Online-Plattform sowie mittels

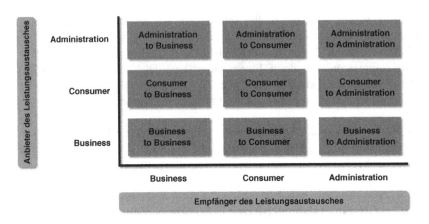

Abb. 1.2 Geschäftsbereiche des E-Business. (Bildrechte: in Anlehnung an Wirtz 2013, S. 23 und Meier und Stormer 2012, S. 3)

standardisierten Formularen, Anträgen oder Ausschreibungen realisiert werden. Somit umfasst A2B bspw. die gesetzlich erforderliche öffentliche Ausschreibung von Bauaufträgen auf den Internet-Seiten eines öffentlichen Trägers oder die Bereitstellung von Formularen für verschiedene Steuerarten an Steuerberater oder Wirtschaftsprüfer (vgl. Wirtz 2013, S. 25; Kollmann 2013, S. 47).

Administration-to-Consumer (A2C)
A2C bezieht sich grundsätzlich auf Beziehungen zwischen dem Staat und dessen Einwohnern. Transaktionen in diesem Geschäftsbereich können kommerziell und nicht kommerziell in Form von Dienstleistungen des Staates an den Bürger entrichtet werden. Als Beispiel für einen kommerziellen Leistungsaustausch im A2C-Bereich kann der Erwerb von Verbraucherinformationen zu bestimmten Produkten oder Unternehmen angegeben werden. Die Bereitstellung und Verwaltung von Stellenangeboten im Internet durch die Bundesanstalt für Arbeit ist ein Beispiel für einen nicht kommerziellen Leistungsaustausch (vgl. Wirtz 2013, S. 26).

Business-to-Administration (B2A)
Das Geschäftsfeld B2A umfasst die Abwicklung von Verwaltungsaufgaben zwischen Unternehmen und öffentlichen Institutionen über ein elektronisches Netzwerk. Hierbei werden die Institutionen gegenüber den Unternehmen ebenfalls als Kunden klassifiziert. Typische B2A Transaktionen bestehen in der Abwicklung von Steuerangelegenheiten oder im Rahmen von öffentlichen und online

basierten Ausschreibungsverfahren (vgl. Wirtz 2013, S. 24; Laudon et al. 2010, S. 575). Ein Beispiel für einen B2A-Prozess ist der Einsatz des Steuerverwaltungsprogramms *ELSTER* für die elektronische Umsatzsteuer-Voranmeldung.

Business-to-Business (B2B)
Der Bereich B2B umfasst den elektronischen Vertrieb von Produkten und Dienstleistungen zwischen mehreren Unternehmen. Dabei können die Unternehmen die Rolle des Anbieters als auch des Nachfragers einnehmen. Die Möglichkeiten des elektronischen Handelns im B2B-Kontext reichen von internetbasierten Handelsplattformen, über B2B-Marktplätze bis hin zur Integration von Kunden und Lieferanten in die unternehmensinternen Wertschöpfungsprozesse. Ein Beispiel für Transaktionen im B2B ist die elektronische Bestellung und Beschaffung von Waren bei einem Lieferanten (vgl. Wirtz 2013, S. 24; Meier und Stormer 2012, S. 3).

Business-to-Consumer (B2C)
Im Vergleich zu B2B beschreibt B2C den Leistungsaustausch von physischen sowie digitalen Gütern und Dienstleistungen von Unternehmen (Anbieter) und einzelnen Verbrauchern (Nachfrager). Leistungsaustauschprozesse im B2C werden vorrangig über Online-Shops realisiert, über denen der Vertrieb der Waren und Dienstleistungen realisiert wird (vgl. Wirtz 2013, S. 24; Laudon et al. 2010, S. 575). Ein bekanntes Beispiel für B2C ist das Unternehmen *Amazon,* das den Kunden neben physischen Produkten, wie bspw. Bücher oder Kleidung, auch digitale Produkte, wie bspw. Videos oder Musik, anbietet.

Consumer-to-Administration (C2A)
Das Geschäftsfeld C2A umfasst den internetbasierten Leistungsaustausch zwischen Einwohnern eines Staates und dessen Einrichtungen der öffentlichen Hand. Hierbei werden elektronische IKT verwendet, um die Daten und Informationen der Bürger an die staatlichen Institutionen zu übermitteln. Ebenfalls wie im B2A-Bereich kann die elektronische Steuererklärung *(ELSTER)* als Beispiel für einen C2A-Prozess herangezogen werden.

Consumer-to-Business (C2B)
C2B ist durch den freiwilligen Austausch sowie die Weitergabe von Daten und Informationen von Privatpersonen an Unternehmen gekennzeichnet. Hierbei können Privatpersonen nicht nur als Konsumenten sondern auch als Anbieter in Erscheinung treten. Der Leistungsaustausch erfolgt ebenfalls vorrangig über Online-Shops oder -Portale (vgl. Wirtz 2013, S. 24). Dabei können Privatpersonen einerseits auf Leistungsangebote von Unternehmen reagieren oder

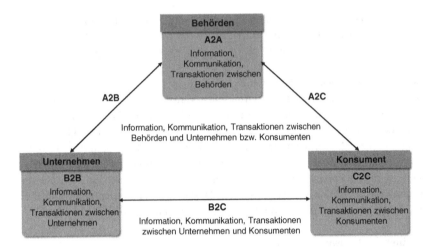

Abb. 1.3 Zusammenspiel der Geschäftsbereiche des E-Business. (Bildrechte: in Anlehnung an Kollmann 2013, S. 48)

andererseits, im Rahmen einer sogenannten Umgekehrten Auktion (Reversed Auction; siehe Abschn. 1.4.3), benötigte Produkte oder Dienstleistungen aktiv ausschreiben und das jeweils günstigste Angebot eines teilnehmenden Unternehmens auswählen (vgl. Hansen et al. 2015, S. 229). Beispiele für C2B-Beziehungen sind Online-Jobbörsen mit Stellengesuchen für Arbeitnehmer.

Consumer-to-Consumer (C2C)
Der Bereich C2C bezeichnet den Handel von physischen und digitalen Produkten zwischen mehreren Privatpersonen. Analog zu B2B oder C2B können Privatpersonen die Rolle des Anbieters als auch des Nachfragers einnehmen. Hierbei müssen nicht zwingend Kauf- und Verkauf-Prozesse abgewickelt werden. Durch den vermehrten Einsatz von Social Media werden im C2C auch der Austausch von Informationen erfasst (vgl. Kollmann 2013, S. 48; Laudon et al. 2010, S. 575). Ein prominentes Beispiel für den C2C-Bereich ist das Internetauktionshaus *eBay*.

Das Zusammenspiel der gerade beschriebenen E-Business-Szenarien wird in Abb. 1.3 dargestellt. Das Schaubild spezialisiert sich hierbei auf die in der Wirtschaft am häufigsten vorkommenden Geschäftsbereiche. Weiterhin ist zu beachten, dass die Rollen der Akteure sich in Abhängigkeit vom Markt sowie aufgrund der Tatsache, dass E-Business alle Bereiche einer Wertschöpfungskette tangiert, schnell verändern und umkehren können (vgl. Wirtz, 2013, S. 26).

1.3   Geschäftsmodelle im E-Business

1.3.1   Begriffsbestimmung Geschäftsmodell

Ein Geschäftsmodell bildet den Rahmen für das Angebot von Produkten oder Dienstleistungen eines Unternehmens und kann wie folgt definiert werden:

▶ **Geschäftsmodell** [...] beschreibt die Geschäftstätigkeit eines Unternehmens oder eines Unternehmenszweigs aus der Sicht der Wertschöpfung, der Kosten und der Erlöse. Das Geschäftsmodell kennzeichnet die Geschäftsidee und die Wertschöpfungsziele, das Konzept, wie die Wertschöpfung zu erzielen ist und das Ertragsmodell, das die eingesetzten Ressourcen und die geplanten Einnahmequellen gegenüberstellt (Hansen et al. 2015, S. 206).

Die Vision und die Geschäftsidee eines Unternehmens bilden somit den Ausgangspunkt für ein Geschäftsmodell. Daraus werden strategische Ziele und Überlegungen hinsichtlich der unternehmerischen Rahmenbedingungen, wie bspw. Standort, Rechtsform oder Marktbearbeitungsstrategien abgeleitet. Die Ausgestaltung des Leistungsangebotes ist im Wesentlichen von den zur Verfügung stehenden Ressourcen und Budgetmitteln des Unternehmens abhängig. Das Geschäftsmodell sollte sich an der jeweiligen Organisationsstruktur orientieren, möglichst ein Alleinstellungsmerkmal für die geplante Wertschöpfung besitzen oder Leistungen, die ähnlich zur Konkurrenz sind, nachweislich kostengünstiger erbringen können (vgl. Hansen et al. 2015, S. 206 f.).

Der Einsatz und die Verwendung von Geschäftsmodellen für digitale Marktplätze verlangt die Berücksichtigung folgender Punkte (vgl. Meier und Hofmann 2008, S. 7 f.):

- Definition der Produkte und Dienstleistungen inkl. Digitalisierungsgrad,
- Festlegung der Zielkunden, Zielkundensegmente und Absatzmärkte,
- Gestaltung der Geschäftsprozesse inkl. Distribution,
- Entwicklung eines Preismodells und Klärung der Zahlungsmodalitäten,
- Erstellung einer Sicherheitskonzeption,
- Festlegung des Finanzierungs- bzw. Kapitalmodells und
- Evaluation und Auswahl eines geeigneten Business-Webs.

Nachfolgend werden die durch Tapscott geprägten Business-Webs (vgl. Tapscott et al. 2000) vorgestellt und auf die Möglichkeiten des Einsatzes und der Verwendung verschiedener Business-Webs (Geschäftsmodelle) eingegangen.

1.3.2 Business-Webs nach Tapscott

Aufgrund der in Abschn. 1.3.1 genannten Aspekte für den Einsatz und die Verwendung von Geschäftsmodellen müssen Unternehmen ihren eigenen Markt-
fokus überdenken und mögliche Chancen abwägen (vgl. Meier und Hofmann
2008, S. 8). Hierbei helfen Business-Webs Unternehmen, die Konzentration
auf Kernkompetenzen und Netzwerkbildung zu legen. Damit im Folgenden die
unterschiedlichen Typologien von Business-Webs nach Tapscott vorgestellt werden können, muss hierzu zunächst der Begriff „Business-Web" näher definiert
werden:

▶ **Business-Web** [...] is a distinct system of suppliers, distributors, commerce ser-
vices providers, infrastructure providers, and customers that use the internet for their
primary business communications and transactions (Tapscott et al. 2000, S. 17).

In einem Business-Web kommen verschiedene Unternehmen auf der Basis von
IKT zusammen, um gemeinsam Werte für Kunden zu schaffen und damit ihre
Wettbewerbsfähigkeit zu erhalten oder ggf. auszubauen. Nach Tapscott fokussiert
sich ein einzelnes Unternehmen in einem Business-Web auf seine Kernkompetenzen und lässt alle nicht dazugehörenden Aufgaben von Partner-Unternehmen
ausführen (vgl. Tapscott et al. 2000, S. 17).

Nach Tapscott werden die Business-Webs anhand von zwei Dimensionen charakterisiert: Organisatorische Kontrolle und Wertintegration (siehe Abb. 1.4).

Organisatorische Kontrolle beschreibt demnach, ob ein Business-Web hierarchisch, also gekennzeichnet durch das Vorhandensein einer zentralen Leistung,
die Preise, Transaktionen und Nutzenversprechen kontrolliert, oder selbst-organi-
sierend, d. h. der Preis und die Transaktion wird durch den Markt bestimmt, orga-
nisiert ist (vgl. Tapscott et al. 2001, S. 47 f.).

Der Grad der Wertintegration gibt an, wie ausgeprägt die Wertschöpfung der
jeweiligen Teilnehmer in einem Business-Web integriert ist. Dabei wird eine
hohe Wertintegration dann erzielt, wenn die Beiträge der Teilnehmer gebündelt
in einem Produkt oder einer Dienstleistung angeboten werden können. Im Gegensatz dazu ist eine niedrige Wertintegration durch eine Vielzahl von Auswahlmög-
lichkeiten, anstelle einer integrierten Lösung, gekennzeichnet (vgl. Tapscott et al.
2001, S. 47 f.).

Unter dem Überbegriff „Business-Web" werden durch Tapscott fünf Ausprä-
gungen kategorisiert: Agora, Aggregator, Integrator, Allianz und Distributor (vgl.
Tapscott et al. 2000, S. 17 und Abb. 1.4). Nachfolgend werden die genannten
Ausprägungen vorgestellt und anhand von Beispielen illustriert.

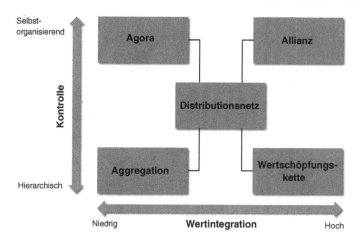

Abb. 1.4 Typisierung von Business-Webs nach Tapscott. (Bildrechte: in Anlehnung an Tapscott et al. 2001, S. 42)

1.3.2.1 Business-Web Agora

Das Business-Web Agora ist ein elektronischer Marktplatz, auf dem Käufer und Verkäufer zusammenkommen, um frei über die angebotenen Güter und deren Preise zu verhandeln. Die Preisverhandlung verläuft dynamisch; bei einer Agora gibt es keine Fixpreise. Dadurch wird insbesondere der Austausch von digitalen und materiellen Produkten und Dienstleistungen gefördert, da Anbieter und Nachfrager um die Preise verhandeln. Das Angebot an Waren und Dienstleistungen ist vielfältig und nicht vorhersehbar. Die Wertintegration ist eher niedrig (vgl. Meier und Stormer 2012, S. 39).

In Abb. 1.5 ist die Grundstruktur des Business-Webs Agora abgebildet: Verkäufer (als Kreise dargestellt) bieten ihre Produkte und Dienstleistungen auf dem virtuellen Marktplatz an. Käufer (als Dreiecke dargestellt) informieren sich vorerst über das Leistungsangebot und verhandeln anschließend, oftmals im Rahmen einer Auktion oder in Form einer Börse (vgl. Haupt 2003, S. 81 und siehe Abschn. 1.4), individuell über die Produktteile und deren Preise (vgl. Meier und Stormer 2012, S. 39).

Der zentrale Wert des Business-Webs Agora liegt im Angebot einer vertrauensbildenden Plattform für den Austausch von Informationen, der Möglichkeit einer dynamischen Preisfindung und im Anstoß zu Leistungsabwicklungen (Meier und Hofmann 2008, S. 10). Dabei schließen sich Kunden oder Kundengruppen oftmals zu einer Gemeinschaft zusammen (siehe Kap. 5). Teilnehmer an Auktionen

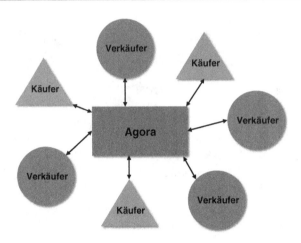

Abb. 1.5 Grundkonzeption des Business-Webs Agora. (Bildrechte: in Anlehnung an Meier und Stormer 2012, S. 40)

sind hierbei dazu verpflichtet, selbstorganisierend die Verhandlung, die Preisfindung sowie die Verteilung der Güter zu übernehmen (vgl. Meier und Stormer 2012, S. 41).

Business-Webs vom Typ Agora zeigen für den Handel von materiellen sowie digitalen Gütern folgende Vorteile (vgl. Meier und Stormer 2012, S 40 f.):

- Keine Lagerkosten,
- Minimale Marketingkosten,
- Reduzierte Vertriebskosten,
- Geringe Produkthaftung,
- Geringes finanzielles Risiko.

Ein weltweit bekanntes Beispiel für die erfolgreiche Umsetzung des Business-Webs vom Typ Agora ist das Online-Auktionshaus *eBay*. *eBay* startete 1995 als Sammlerbörse und Trödelmarkt und hat sich in der Zwischenzeit zu einem wichtigen elektronischen Marktplatz entwickelt. Hierbei stellt *eBay* für Käufer und Verkäufer eine Plattform für Auktionen von Waren und Dienstleistungen zur Verfügung. Die Kunden von *eBay* übernehmen dabei die Durchführung der Auktion, den Prozess der Waren- und Werttransaktionen und tragen hierbei weitgehend die Kosten und Risiken (vgl. Meier und Stormer 2012, S. 40).

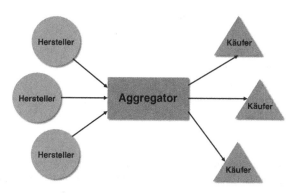

Abb. 1.6 Grundkonzeption des Business-Webs Aggregator. (Bildrechte: in Anlehnung an Meier und Stormer 2012, S. 42)

1.3.2.2 Business-Web Aggregator

Aggregatoren sind Intermediäre, die als wertschöpfende Vermittler zwischen Herstellern und Kunden auftreten. Hierbei kontrolliert ein Aggregator hierarchisch mehrere Hersteller. Weiterhin wählt der Aggregator die geeignete Produkte und Dienstleistungen nach eigenem Ermessen aus, entscheidet über die entsprechenden Marktsegmente, legt Preise fest und kontrolliert die Abwicklung. Zudem bestimmt der Aggregator für das gewählte Sortiment die Verkaufspreise sowie Rabatte und kontrolliert den Absatz sowie die Verteilung der Waren (vgl. Meier und Stormer 2012, S. 41 f.).

In Abb. 1.6 wird die Grundstruktur des Business-Webs vom Typ Aggregator dargestellt. Der Aggregator kombiniert die Produkte und Dienstleistungen der jeweiligen Hersteller und diktiert Preise für die Käufer. Aggregationen können sowohl im B2B- als auch im B2C-Bereich, für physische und digitale Produkte als auch für Dienstleistungen bestehen. Diese werden jedoch ohne oder mit lediglich minimaler Wertintegration angeboten (vgl. Tapscott et al. 2001, S. 92 ff.).

Der Hauptnutzen der Aggregation besteht auf der Kundenseite in den niedrigen Suchkosten und der hohen Angebotsvielfalt und auf der Produzentenseite in den niedrigen Kosten für den Vertrieb der Waren und Dienstleistungen (vgl. Haupt 2003, S. 82). Insbesondere durch die Nutzung der Internettechnologie und entsprechenden intelligenten Softwareagenten, die Kunden umfassende Dienste zu den gewünschten Produkten anbieten, können Aggregatoren durch Marktvolumen und Marktmacht ihre Transaktionskosten senken (vgl. Meier und Stormer 2012, S. 43).

Für Aggregationen ergeben sich folgende Vorteile (vgl. Meier und Stormer 2012, S. 44):

- Große Verhandlungsmacht,
- Einsatz digitaler Berater,
- Unabhängige Produktbewertung,
- Stimulierung des Verkaufs,
- Kosteneinsparungen beim Versand der Produkte auf Kundenseite.

Das bekannteste Beispiel für diese Form eines Business-Webs ist Online-Versandhaus *Amazon*. Das 1995 gegründete Unternehmen bietet neben den ursprünglich im Schwerpunkt gelegenen Medienprodukten Buch, Musik, CDs und DVDs eine Vielzahl von Produkten an und gilt als größter Online-Einzelhändler (vgl. Meier und Hofmann 2008, S. 12). Der Kunde kann mit einem einfachen Suchvorgang die auf *Amazon* angebotenen Produkte auffinden und deren Produktbeschreibungen studieren sowie Kaufempfehlungen und Rezensionen von Kunden und Experten berücksichtigen. Die Zahlungsmodalitäten gegenüber den Kunden werden von *Amazon* festgelegt und durchgesetzt (vgl. Meier und Stormer 2012, S. 42 f.).

1.3.2.3 Business-Web Integrator

In einem Business-Web des Typs Integrator strukturiert und koordiniert ein sog. Kontextanbieter (Integrator), die einzelnen Wertschöpfungsaktivitäten der am Business-Web teilnehmenden Partner, um ein hoch integriertes Nutzenversprechen den Kunden anbieten zu können (vgl. Tapscott et al. 2001, S. 48). Der Integrator produziert selbst keine Produkte oder Dienstleistungen sondern bezieht die Wertbeiträge anderer Inhaltsanbieter, wie bspw. externer Entwickler, Teilelieferanten, Händler oder andere Partner, in die Wertschöpfung mit ein (siehe Abb. 1.7). Diese Integrationsleistung erfolgt über das Internet bzw. über Informationssysteme der einzelnen Teilnehmer der Wertschöpfungskette, die über die Unternehmensgrenzen hinweg miteinander verbunden sind (vgl. Meier und Stormer 2012, S. 42 f.).

Das Grundprinzip des Business-Webs Integrator ist in Abb. 1.7 dargestellt. Die unterschiedlichen Hersteller werden zu einer Wertschöpfungskette zusammengefasst und durch den Integrator geführt. Durch diesen Zusammenschluss wird gewährleistet, dass ein Produkt oder eine Dienstleistung nach den Wünschen des Kunden entwickelt, produziert und geliefert werden kann. Der Integrator hat somit die Aufgabe, zum einen die Gesamtverantwortung für den Kundenauftrag zu übernehmen und zum anderen die Inhaltsanbieter in eine optimierte

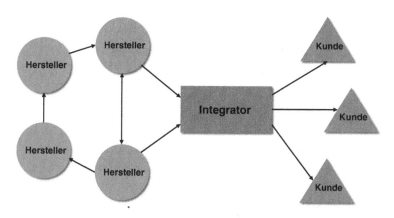

Abb. 1.7 Grundkonzeption des Business-Webs Integrator. (Bildrechte: in Anlehnung an Meier und Stormer 2012, S. 45)

Lieferantenbeziehung einzubinden und den Planungs-, Entwicklungs-, Installations- und Serviceprozess kompetent zu steuern (vgl. Meier und Stormer 2012, S. 44 f.).

Für Kunden besteht der Nutzen durch diese Form eines Business-Webs in der Möglichkeit, personalisierte Produkte oder Dienstleistungen zu moderaten Preisen zu erwerben. Für die am Wertschöpfungsnetzwerk beteiligten Unternehmen ergeben sich aufgrund des auftragsbezogenen Prinzips, der Prozessvereinfachung sowie der Externalisierung von Leistungen wesentliche Lagerbestands- und Kosteneinsparungen (vgl. Haupt 2003, S. 84).

Die aus dem Business-Web vom Typ Integrator ausgehenden Nutzenvorteile lassen sich wie folgt zusammenfassen (vgl. Meier und Stormer 2012, S. 46 f.):

- Auf den individuellen Kundenwunsch ausgerichtete Lösung,
- Integrator als Generalunternehmer,
- Bildung einer Wertschöpfungskette,
- Werkstattfertigung anstelle von Routinefertigung,
- Hohes Projekt- und Methodenwissen.

Als Beispiel für die erfolgreiche Realisierung eines Business Webs vom Typ Integrator kann das Unternehmen *Cisco* genannt werden. *Cisco* ist ein Ausrüster von Telekommunikationsnetzen und -komponenten. Durch *Cisco* werden verschiedene Unternehmen, wie bspw. Halbleiterhersteller, Händler von Komponententeilen, Logistikunternehmen sowie Systemintegratoren, in einer

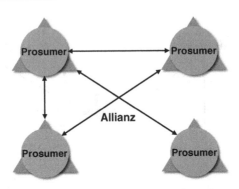

Abb. 1.8 Grundkonzeption des Business-Webs Allianz. (Bildrechte: in Anlehnung an Meier und Stormer 2012, S. 48)

Wertschöpfungskette miteinander verbunden und kontrolliert. Dadurch wurde es möglich, dass maßgefertigte Netzwerke für kundenspezifische Probleme entwickelt und vertrieben werden konnten (vgl. Meier und Stormer 2012, S. 45 f.).

1.3.2.4 Business-Web Allianz

Eine Allianz nach Tapscott beschreibt ein lose gekoppeltes und selbst organisiertes Netzwerk gleichberechtigter Partner, die in Form einer Gemeinschaft eine gemeinsame Zielsetzung verfolgen. Allianzen sind demnach virtuelle Gemeinschaften, die auf freiwilliger Basis durch den Zusammenschluss von Kleinunternehmen oder Einzelpersonen entstanden sind und auf hierarchische Führungsstrukturen verzichten. Hierbei bringen die einzelnen Partner ihr spezifisches Know-how ein und beteiligen sich gleichzeitig an der Lösungsentwicklung. Durch die Gewinnung neuer und geeigneter Netzwerkpartner wird versucht, zum einen wechselnden Herausforderungen gegenüberzutreten und zum anderen fehlenden Kompetenzen wettzumachen. Allianzen sind in vielen Fällen zeitlich befristet und werden oftmals nach der Entwicklung und Verbreitung einer gemeinsamen Lösung aufgelöst (vgl. Meier und Stormer 2012, S. 47; Tapscott et al. 2000, S. 34 f.).

Die Struktur des Business-Webs Allianz ist in Abb. 1.8 abgebildet. Alle Partner dieses Netzwerkes treten als sog. „Prosumer"[1] auf: Sie haben als Nachfrager oder Consumer (als Dreiecke dargestellt) ein Bedürfnis und suchen hierzu nach einer Lösung, gleichzeitig beteiligen sie sich als Hersteller oder Producer (als

---

[1]Wortschöpfung aus den Begriffen Producer und Consumer.

Kreise dargestellt) an der Lösungsentwicklung. Dabei tritt keiner der Partner in den Vordergrund oder versucht, alle am Netzwerk beteiligten Partner zu kontrollieren. Vielmehr wird versucht, das lose gekoppelte Partnernetz mit wenigen Verhaltensregeln und Rahmenbedingungen zusammenzuhalten (vgl. Meier und Hofmann 2008, S. 14).

Allianzen unterliegen einem Netzwerkeffekt, d. h. umso mehr Teilnehmer dem Netzwerk beitreten, umso höher ist der Nutzen der Allianz. Der Nutzen von Allianzen für den Kunden liegt dabei im Erfahrungsaustausch über Produkte oder Dienstleistungen sowie im Mitgestalten und preiswerten Zugriff auf Produkte. Der Nutzen für Unternehmen besteht konkret in der Senkung von Entwicklungskosten, indem sie Kunden an der Herstellung beteiligen. Zusammenfassend zeichnen sich Allianzen durch eine hohe Wertintegration aus (vgl. Haupt 2003, S. 85).

Ein Business-Web vom Typ Allianz kann folgende Nutzenvorteile aufweisen (vgl. Meier und Stormer 2012, S. 49):

- Gleichberechtigte Netzwerkbildung,
- Selbstorganisation,
- Doppelfunktion als Hersteller und Nachfrager von Produkten und Dienstleistungen,
- Etablierung eines Wertschöpfungsraums,
- Idealisierte Zielsetzung.

Ein Beispiel für eine Allianz ist die Entwicklung des Betriebssystems *Linux*. Ausgangspunkt bildete der durch Linus Torvalds entwickelten Kernel eines Unix-Clons für PCs. Dieser wurde nach der Fertigstellung im Internet für die Weiterentwicklung frei zur Verfügung gestellt. Die Nutzer waren lediglich dazu verpflichtet, das Programm und mögliche eigenentwickelte Erweiterungen inkl. Quellcode weiterzugeben. In den darauf folgenden Jahren entwickelte sich *Linux* zu einem stabilen und umfangreichen Softwareprodukt, das als Open-Source-Software Firmen wie Privatpersonen zur Verfügung steht (vgl. Meier und Stormer 2012, S. 48).

1.3.2.5 Business-Web Distributor

Distributoren sind Verteilungsnetzwerke, die materielle und immaterielle Produkte und Dienstleistungen vom Anbieter zum Nutzer bringen. Distributoren bedienen in ihrer Ursprungsform die zuvor diskutierten Business-Webs, indem sie den Austausch von Informationen, Waren und Dienstleistungen über eine zentrale Infrastruktur gewährleisten. Hierbei erfüllen Sie eine Distributionsfunktion, bspw.

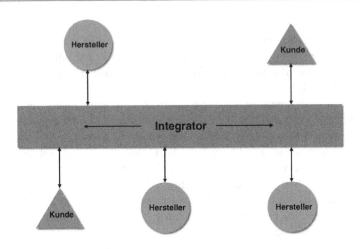

Abb. 1.9 Grundkonzeption des Business-Webs Distributor. (Bildrechte: in Anlehnung an Meier und Stormer 2012, S. 51)

als Netzwerk-Operatoren, Finanzdienstleister oder Logistikunternehmen (vgl. Meier und Hofmann 2008, S. 16).

Die Grundform eines Business-Webs nach dem Typ Distributor ist in Abb. 1.9 aufgezeigt. Physische oder digitale Distributionsnetzwerke oder Verteilsysteme verbinden die Hersteller von Produkten und Dienstleistungen mit den Käufern. Eine Variante stellt der sog. Infomediär dar. Hierunter werden Distributoren verstanden, die unter Berücksichtigung des Datenschutzes Informationen von Kunden sammeln, verwalten und weiterleiten. Infomediäre werden von privaten Verbrauchern und Unternehmen als Käufer von Produkten und Dienstleistungen für das Management der Benutzeridentifikation zu digitalen Kommunikationsnetzen oder für die Darstellung des Kundenverhaltens beansprucht (vgl. Meier und Stormer 2012, S. 50 f.).

Distributoren unterliegen ebenfalls dem Netzwerkeffekt (siehe Abschn. 1.3.2.4). Der Nutzen für Kunden und Hersteller ergibt sich aus der Wichtigkeit der durch den Distributor angebotenen Dienste. Infomediäre und Distributoren sind darauf spezialisiert, Netzwerkdienste mit abgestuftem Leistungsdurchsatz und unterschiedlichen Sicherheitsniveaus anzubieten. Eine Vernetzung der Internet-Ökonomie sowie die Verwendung von Informations- und Kommunikationssystemen wäre ohne diese Dienste nicht möglich (vgl. Haupt 2003, S. 86).

Die Vorteile eines Business-Webs vom Typ Distributor sind nachfolgend auf-
geführt (vgl. Meier und Stormer 2012, S. 52):

- Internationalisierung,
- Skaleneffekte,
- 24-h Betrieb,
- Spezialisierung pro Warentyp,
- Spezialfunktion des Infomediärs.

Distributoren können drei Angebotsformen unterstützen (vgl. Meier und Stormer
2012, S. 51):

- Netzwerkdienstleister für teilbare Waren; hier können Distributoren in Form
  von Telekommunikationsunternehmen oder Internetprovider zugeordnet
  werden,
- Netzwerkdienstleister für nutzbare Waren; hier können Distributoren in Form
  von Finanz- und Versicherungsunternehmen zugeordnet werden und
- Netzwerkdienstleister für weitergeleitete Waren; hier können Distributoren
  in Form von Spediteuren, Postdienste oder Fluggesellschaften zugeordnet
  werden.

1.4   Elektronische Märkte im E-Business

Ein elektronischer Markt, auch als elektronischer Marktplatz bezeichnet, ist ein
virtueller Handelsplatz innerhalb eines Netzwerks (bspw. dem Internet), der primär dazu dient, Angebot und Nachfrage nach Produkten oder Dienstleistungen
zusammenzuführen. Elektronische Märkte sind außenwirksame Informationssysteme, die mithilfe von Computern und Netzwerken eine Vermittlerfunktion
zwischen den Käufern und Verkäufern erfüllt (vgl. Hansen et al. 2015, S. 220;
Laudon et al. 2010, S. 36, 593 f.). Hansen et al. definieren den Begriff elektronischer Markt wie folgt:

▶ **Elektronischer Markt** [...] ist eine rechnergestützte Plattform für den markt-
mäßig organisierten Tausch von Produkten und Dienstleistungen zwischen Anbietern und Nachfragern, die über Rechnernetze Zugang haben (Hansen et al. 2015,
S. 221).

Mit der Fokussierung auf die informationstechnische Realisierung von Markttransaktionen beschreiben Laudon et al. den Begriff des elektronischen Marktplatzes wie folgt:

▶ **Elektronischer Marktplatz** [...] bezeichnet einen virtuellen Markt innerhalb eines Datennetzes, etwa dem Internet, auf dem Mechanismen des marktmäßigen Tausches von Gütern und Leistungen informationstechnisch realisiert werden (Laudon et al. 2010, S. 593).

Eine ähnliche Definition wird von Kortus-Schultes und Ferfer gegeben:

▶ **Elektronischer Marktplatz** Als elektronischer oder virtueller Marktplatz wird eine mit Hilfe von Informations- und Kommunikationstechnologien realisierte Transaktionsplattform definiert, die einige oder sogar alle Phasen des Handelns unterstützt (Kortus-Schultes und Ferfer 2005, S. 123).

Aus den genannten Begriffsbestimmungen ist ersichtlich, dass die Begriffe elektronischer Markt und elektronischer Marktplatz synonym behandelt werden. Allen Definitionen ist gemein, dass sie elektronische Märkte als Informationssysteme sehen, die auf Basis von IKT und mithilfe festgelegter Mechanismen Produkte und Dienstleistungen handeln.

Elektronische Marktplätze unterstützen insbesondere im B2C- und im B2B-Bereich den Austausch verschiedener Produkte und Dienstleistungen mit unterschiedlichen Akteuren. Aus ökonomischer Sicht dient ein elektronischer Markt zur Steigerung der Koordinationseffizienz (Hansen et al. 2015, S. 221), bspw. durch die Beschleunigung der Geschäftsprozesse und der Automatisierung bislang manuell durchgeführter Tätigkeiten auf Basis von IKT (vgl. Maaß 2008, S. 167).

Zu den technologischen Funktionalitäten eines elektronischen Marktes gehören Suchfunktionen, Speichermöglichkeiten, Kommunikations- und Zugangskontrollen sowie verschiedene Möglichkeiten der Verschlüsselung von Daten und Informationen. Zu den betriebswirtschaftlichen Funktionalitäten zählen elektronische Auktions- (siehe Abschn. 1.4.2), Ausschreibungs- (siehe Abschn. 1.4.3) und Börsensysteme (siehe Abschn. 1.4.4). Nachfolgend werden verschiedene Klassifikationsmöglichkeiten elektronischer Märkte aufgezeigt und erläutert.

Abb. 1.10 Klassifikation elektronischer Märkte. (Bildrechte: in Anlehnung an Hansen et al. 2015, S. 221)

1.4.1   Klassifikation elektronischer Märkte

In der Literatur erfolgt oftmals eine Klassifikation elektronischer Märkte nach folgenden Kriterien (vgl. Hansen et al. 2015, S. 221 oder Kortus-Schultes und Ferfer 2005, S. 125 ff. oder Laudon et al. 2010, S. 594 f. und Abb. 1.10):   '

- Betreiber des elektronischen Marktes.
- Unterstützende Markttransaktionsphasen.
- Orientierung an der Branche.
- Ertragsmodelle der Betreiber.
- Unterstützende Marktmechanismen.

Betreiber des elektronischen Marktes
Betreibermodelle für elektronische Märkte lassen sich in neutrale, betriebseigene und konsortiengeführte Marktplätze unterscheiden (siehe Abschn. 3.2). Neutrale Märkte werden von unparteiischen Intermediären betrieben, die weder die Interessen der Verkäufer noch der Käufer vertreten. Dahin gehend werden betriebseigene und konsortiengeführte Marktplätze zu Beschaffungs- bzw. zu Distributionszwecken, von einem oder mehreren beschaffenden Unternehmen

bzw. Lieferanten betrieben. Während betriebseigene Marktplätze insbesondere im B2C-Bereich vorkommen, werden konsortiengeführte Marktplätze in Form von Beschaffungsnetzwerken üblicherweise im B2B-Bereich betrieben (vgl. Hansen et al. 2015, S. 222).

Unterstützende Markttransaktionsphasen

Elektronische Marktplätze können ferner nach dem Ausmaß der Unterstützung von Markttransaktionen unterschieden werden. In diesem Zusammenhang unterstützen elektronische Märkte in der Regel alle Transaktionsphasen, d. h. die Informations-, Vereinbarungs- und Abwicklungsphase sowie nachgelagerte Phasen, z. B. Rechnungserstellung, Zahlung oder sonstige After-Sales-Tätigkeiten (vgl. Kortus-Schultes und Ferfer 2005, S. 123 f. und siehe Abschn. 3.3 und 4.3). In der Realität zeigt sich jedoch, dass im B2C- sowie im B2B-Bereich elektronische Märkte vorrangig die Informations- und Vereinbarungsphase unterstützen. Die hierbei durch einen Markt ausgeführte Transaktionskoordination kann als informationstechnische Einrichtung verstanden werden, deren Leistung über eine einfache Unterstützung der Kommunikation zwischen den Transaktionspartnern hinausgeht (vgl. Laudon et al. 2010, S. 594).

Orientierung an der Branche

Hinsichtlich der Branchenzugehörigkeit, bzw. nach der Art der gehandelten Güter, können vertikale und horizontale elektronische Marktplätze betrachtet werden. Ein vertikaler Marktplatz ist ein branchenorientierter Markt der auf die Bedürfnisse und Anforderungen der Nachfrager aus einer oder wenigen Branchen ausgerichtet ist. Vertikale Märkte verfügen über eine breite Branchenkenntnis und sind insbesondere im B2B-Bereich zu finden (vgl. Kortus-Schultes und Ferfer 2005, S. 126; Hansen et al. 2015, S. 222). Der Begriff vertikaler Marktplatz kann wie folgt zusammenfassend definiert werden:

▶ **Vertikaler Marktplatz** […] ist auf die Bedürfnisse einer Branche ausgerichtet. Hauptaufgabe ist der Handel mit branchenspezifischen Produkten und Dienstleistungen, z. B. Chemie, Stahl oder Telekommunikation, für ausgewählte Zielgruppen (vgl. Hansen et al. 2015, S. 223).

Ein horizontaler Marktplatz ist ein branchenübergreifender Markt der mit dem Ziel konzipiert wird, einer Vielzahl an unterschiedlichen Branchen möglichst große Bedarfsmengen zu veräußern. Hierfür werden in der Regel keine branchenspezifischen Produkte und Dienstleistungen angeboten. Horizontale Marktplätze sind vor allem im B2C-Bereich zu finden (vgl. Kortus-Schultes und Ferfer 2005, S. 127; Hansen et al. 2015, S. 223). Der Begriff horizontaler Marktplatz kann wie folgt zusammenfassend definiert werden:

▶ **Horizontaler Marktplatz** [...] ist auf branchenübergreifende Produkte und Dienstleistungen, z. B. Büroartikel oder Ersatzmaterial, ohne Spezialisierung auf eine bestimmte Zielgruppe fokussiert (vgl. Hansen et al. 2015, S. 223).

Ertragsmodelle der Betreiber
Zur Finanzierung der Betreiber von elektronischen Marktplätzen stehen verschiedene Ertragsmodelle zur Verfügung (vgl. Hansen et al. 2015, S. 222; Meier und Stormer 2012, S. 66 f.; Maaß 2008, S. 230 f.):

- **Gebührenmodell für Transaktionen:** Transaktionsgebühren können für das Einstellen einer Ausschreibung in den Markt, für das Zustandekommen eines Vertrages oder basierend auf der jeweiligen Nutzungsdauer des Marktplatzes anfallen. Transaktionsbezogene Gebühren haben für den Nutzer den Vorteil, dass sie nur anfallen, wenn die Transaktion tatsächlich getätigt wird.
- **Advertising Modell:** Anbieter elektronischer Produkte und Dienstleistungen können Werbeerlöse durch den Verkauf von Werbeflächen auf der Webseite generieren. Dieses Modell bietet sich insbesondere dann an, wenn der Marktplatz bereits eine gewisse Popularität erlangt hat und die Webseite zahlreiche Besucher aufweisen kann.
- **Preismodelle für Produkte und Dienstleistungen:** Anbieter können durch den Verkauf der auf dem Markt angebotenen Produkte und Dienstleistungen Erlöse generieren. Hierzu müssen im Voraus weitreichende Fragestellungen beantwortet werden, bspw. in welcher Art und Weise die Preisdifferenzierung durchgeführt werden soll oder welche Preismodelle angeboten werden sollen.
- **Admission Modell:** Eine weitere Möglichkeit, Erlöse für die Betreiber zu generieren, besteht durch die Entrichtung eines Mitgliedsbeitrages oder einer Eintrittsgebühr für die Teilnahme am elektronischen Markt. Dieses Modell eignet sich insbesondere für Zielgruppen mit dem Bedarf nach Informationen oder Unterhaltung.

Unterstützende Marktmechanismen
Ein grundlegendes Klassifikationsmerkmal elektronischer Märkte ist die Art, wie Preise und Konditionen in einem Markt festgelegt werden. Neben einer statischen Preisbildung, d. h. Preise und Konditionen für die im Markt befindlichen Güter

sind fix, kann die Preisbildung basierend auf diversen Auktionsmechanismen dynamisch erfolgen (vgl. Hansen et al. 2015, S. 224). In diesem Zusammenhang werden nachfolgend Auktions-, Ausschreibungs- und Börsensysteme betrachtet.

1.4.2 Elektronische Auktionen

Durch Auktionen können Preise von Produkten und Dienstleistungen auf der Basis von Geboten dynamisch ermittelt werden. Sie werden als Dienstleistung von Online-Auktionshäusern oder elektronischen Märkten insbesondere im B2C- und B2B-Bereich angeboten und stellen für den Ein- und Verkauf ein wichtiges Instrument zur dynamischen Preisfindung dar (vgl. Hansen et al. 2015, S. 224).

▶ **Auktion** […] ist ein Verfahren für multilaterale Verhandlungen, bei dem die Preise und Konditionen für Produkte oder Dienstleistungen auf der Basis von Geboten der Auktionsteilnehmer zustande kommen (Hansen et al. 2015, S. 225).

Für den Einkauf bzw. Verkauf von Waren und Dienstleistungen müssen Auktionen ein standardisiertes Vorgehen aufweisen. Der Ablauf einer einfachen Auktion unterteilt sich in folgende drei Phasen (vgl. Hansen et al. 2015, S. 225):

1. Der Auktionator eröffnet die Auktion und gibt ein Ausgangsgebot für die zu verkaufende Produkte oder Leistungen vor.
2. Die Bieter können auf das Ausgangsgebot einmalig oder wiederholt Gebote abgeben.
3. Der Auktionator beendet die Auktion und der Bieter mit dem besten Gebot erhält den Zuschlag.

Die Rollen von Auktionator (Verkäufer) und Bieter (Käufer) sind grundsätzlich austauschbar. In der Praxis haben sich folgende Auktionstypen etabliert: Die Englische Auktion, die Holländische Auktion, die Japanische Auktion, die Vickrey-Auktion und die Geheime Höchstpreisauktion (vgl. Hansen et al. 2015, S. 225 oder Meier und Stormer 2012, S. 63 oder Stoll 2007, S. 31 f. oder Wirtz 2013, S. 467 ff.). Die genannten Auktionstypen unterscheiden sich im Wesentlichen hinsichtlich ihrer Informationspolitik, d. h. ob die Gebote der Käufer offen oder verdeckt erfolgen, und ihrer Preisbildung, d. h. welchen Preis der Auktionsgewinner zu zahlen hat (vgl. Hansen et al. 2015, S. 225).

▶ **Offene Auktion** […] ist eine Auktion, bei der die Bieter die Gebote ihrer Konkurrenten beobachten und darauf wechselseitig reagieren (Hansen et al. 2015, S. 225).

▶ **Verdeckte Auktion** Bei einer verdeckten Auktion werden die Gebote verdeckt abgegeben, sodass die Mitbieter die anderen Gebote nicht kennen (Hansen et al. 2015, S. 225).

Aufgrund nur schwer einschätzbarer Risiken und Unsicherheiten hinsichtlich der Produkte und Dienstleistungen der Bieter, werden offene Auktionen im B2B-Bereich nur vereinzelt durchgeführt. Hier haben sich verdeckte Auktionen etabliert, bei denen Bieter angehalten werden, den Preis zu nennen, den sie bereit sind tatsächlich zu zahlen (vgl. Kortus-Schultes und Ferfer 2005, S. 135).

▶ **Höchstpreisauktion** Bei einer Höchstpreisauktion zahlt der Auktionsgewinner einen Betrag in Höhe seines Gebots (Hansen et al. 2015, S. 226).

▶ **Zweitpreisauktion** Bei einer Zweitpreisauktion zahlt der Auktionsgewinner einen Betrag in Höhe des zweithöchsten Angebots (Hansen et al. 2015, S. 226).

Englische Auktion
Der bekannteste Auktionstyp ist die Englische Auktion. Im Verlauf der Auktion versuchen die Bieter, nach der Festlegung eines Mindestpreises, mehrfach offen Gebote abzugeben und sich dabei in Stufen gegenseitig zu überbieten. In der Regel wird die Auktion nach Ablauf einer zeitlichen Frist beendet und der Bieter mit dem höchsten Gebot erhält den Zuschlag (vgl. Maaß 2008, S. 252).

▶ **Englische Auktion** […] ist eine offene Höchstpreisauktion, bei der von einem festgesetzten Mindestpreis nach oben gesteigert wird (Hansen et al. 2015, S. 227).

Holländische Auktion
Eine Holländische Auktion entspricht ihrem Ablauf her einer Englischen Auktion jedoch mit dem Unterschied, dass zu Beginn der Auktion ein Höchstpreis angesetzt wird. Im Auktionsverlauf wird dieser so lange herabgesetzt, bis ein erster Interessent auf das Gebot reagiert. Dieser Bieter erhält den Zuschlag und zahlt den genannten Preis. Für die Käufer ist somit der richtige Zeitpunkt für die Abgabe eines Angebotes entscheidend (vgl. Maaß 2008, S. 253).

▶ **Holländische Auktion** [...] ist eine offene Auktion, bei der ein Auktionator einen hohen Ausgangspreis nennt und diesen Schritt für Schritt reduziert, bis ein Bieter die Auktion unterbricht (Hansen et al. 2015, S. 226).

Japanische Auktion
Die Japanische Auktion ist äquivalent zur Englischen Auktion, allerdings können die Bieter den Preis nicht selbst abgeben. Der Preis wird durch den Auktionator rundenbasierend neu festgelegt. In jeder Runde muss der Bieter mit dem schlechtesten Gebot das vorgegebene Angebot unterbieten oder aus der Auktion ausscheiden (vgl. Stoll 2007, S. 31).

▶ **Japanische Auktion** [...] ist eine offene Höchstpreisauktion, bei der ein Auktionator einen Mindestpreis nennt und diesen Schritt für Schritt erhöht, bis letztendlich nur ein Bieter übrig bleibt.

Geheime Höchstpreisauktion
Bei der Geheimen Höchstpreisauktion werden durch die Bieter verdeckte Gebote abgegeben, die am Ende der Auktion gemeinsam aufgedeckt werden. Der Bieter mit dem höchsten Gebot erhält den Zuschlag. Die Auktionsteilnehmer dürfen nur ein einziges Gebot abgeben und dieses über den Auktionsverlauf nicht verändern (vgl. Meier und Stormer 2012, S. 64).

▶ **Geheime Höchstpreisauktion** ist eine verdeckte Höchstpreisauktion, bei der Bieter jeweils ein geheimes und nicht nachträglich veränderbares Gebot abgeben können.

Vickrey-Auktion
Vickrey-Auktionen sind besonders betrugssichere Auktionen, die darauf abzielen, dass die Bieter ihre echte Wertschätzung als Angebot abgeben. Ebenfalls wie bei der verdeckten Höchstpreisauktion gibt es nur eine einzige Bieterrunde. Den Zuschlag erhält der Bieter mit dem höchsten Angebot. Als Besonderheit dieser Auktion muss der Auktionsgewinner jedoch nur den Preis für das zweithöchste Gebot entrichten (vgl. Maaß 2008, S. 253).

▶ **Vickrey-Auktion** [...] ist eine verdeckte Zweitpreisauktion, bei der der Auktionsgewinner einen Betrag in Höhe des zweithöchsten Gebots zahlt (Hansen et al. 2015, S. 226).

1.4.3 Elektronische Ausschreibungen

Elektronische Ausschreibungen werden insbesondere für die Beschleunigung betrieblicher Beschaffungsprozesse verwendet und finden vorrangig im B2B-Bereich Anwendung. Als Ausschreibung wird hierbei die öffentliche Bekanntmachung zur Beschaffung eines benötigten Produktes oder Dienstleistung bezeichnet und die Aufforderung zur verbindlichen Angabe von Angeboten (vgl. Kortus-Schultes und Ferfer 2005, S. 131).

▶ **Ausschreibung** […] ist ein Verfahren zur Ermittlung des Angebotspreises als Vorbereitung zur Vergabe eines Auftrages im Rahmen eines Wettbewerbs und damit verbunden die Kundmachung eines Kaufinteresses, durch das potenzielle Anbieter aufgefordert werden, Angebote zur Erbringung einer bestimmten, möglichst genau beschriebenen Leistung abzugeben (Hansen et al. 2015, S. 228).

Die Publikation von Online-Ausschreibungen erfolgt üblicherweise über Einkäuferportale, elektronische Marktplätze oder die unternehmenseigene Homepage. Sind den potenziellen Lieferanten die Ausschreibungsunterlagen zugänglich gemacht worden, können diese unter Einhaltung einer bestimmten zeitlichen Frist ein verbindliches Angebot auf die Ausschreibung abgeben. Im Vergleich zu Auktionen sind die ausschreibenden Unternehmen dazu angehalten, nicht unbedingt das preisgünstige Angebot auszuwählen, sondern die Angebote nach wirtschaftlichen Gesichtspunkten zu analysieren und danach eine Entscheidung für die Wahl eines Lieferanten zu treffen (vgl. Kortus-Schultes und Ferfer 2005, S. 131).

Das Ausschreibungsverfahren kann, analog zu einer Auktion, öffentlich oder geschlossen durchgeführt werden (siehe Abschn. 1.4.2). An einer öffentlichen Ausschreibung kann sich jeder Anbieter, der die Voraussetzungen des Auftraggebers erfüllt, beteiligen. Im Gegensatz hierzu werden bei einer geschlossen Ausschreibung nur bestimmte Anbieter einbezogen, die dem Auftraggeber entweder bereits im Voraus bekannt sind oder von denen er annimmt, dass sie besonders gut zur Auftragserfüllung in der Lage sind (vgl. Hansen et al. 2015, S. 228; Kortus-Schultes und Ferfer 2005, S. 131).

Eine spezielle Form einer Ausschreibung ist die sogenannte Umgekehrte Auktion (Reversed Auction):

▶ **Umgekehrte Auktion** […] ist eine Ausschreibung, bei der der Käufer die gesuchte Leistung ausschreibt und die Anbieter die Gebote ihrer Konkurrenten sehen und diese unterbieten können. Das innerhalb des vorgegebenen Zeitintervalls niedrigste Angebot erhält den Zuschlag (Hansen et al. 2015, S. 229).

Wesentliche Bestandteile des Verkaufsprozesses im Rahmen elektronischer Ausschreibungen sind verschiedene Formen der Aufforderung zur Kontaktaufnahme
oder der Weiterleitung von Anbieterinformationen. In diesem Zusammenhang
wurden unter dem Akronym „E-RFx" eine Reihe von Aufforderungen zusammengefasst, die sich wie folgt charakterisieren lassen (vgl. Bächle und Lehmann
2010, S. 69):

Electronic Request for Information (E-RFI)
Beim E-RFI wird ein Lieferant durch den Auftraggeber gebeten, Informationen
über sich selbst zu erteilen. Insbesondere bei unbekannten Lieferanten kann der
Auftraggeber dadurch Informationen über das Leistungspotenzial des Anbieters
sowie dessen Produktpalette erhalten.

Electronic Request for Proposal (E-RFP)
Beim E-RFP wird ein Lieferant durch den Auftraggeber gebeten, zu einer
bestimmten Ausschreibung ein konkretes Angebot zu erstellen. Hierbei werden
von einem Lieferanten eine möglichst präzise Beschreibung der Umsetzung,
mögliche Liefertermine sowie ein unverbindlicher Preis angefordert.

Electronic Request for Quotation (E-RFQ)
Beim E-RFQ wird ein Lieferant durch den Auftraggeber gebeten, ein Angebot
mit einer detailliert vordefinierten Lösung abzugeben, welches auch bereits fixe
Liefertermine beinhalten kann. Um eine direkte Vergleichbarkeit der Angebote
anderer Lieferanten zu gewährleisten müssen die Angebote in einer standardisierten Form eingereicht werden.

1.4.4 Elektronische Börsen

Elektronische Börsen sind Online-Handelsplätze von Drittanbietern, die für punk-
tuelle Transaktionen auf polypolistischen Märkten in Betracht kommen. Anbieter
und Nachfrager besitzen symmetrische Handlungsmöglichkeiten, indem sie Kauf-
bzw. Verkaufsofferten abgeben können. Da die gehandelten Güter nicht präsent
sind, müssen diese eine gleichwertige und standardisierte Beschaffenheit aufweisen (vgl. Laudon et al. 2010, S. 595; Hansen et al. 2015, S. 229).

▶ **Börse** Eine Börse ist ein organisierter Markt für Wertpapiere, Devisen,
bestimmte Produkte (bspw. Weizen, Diamanten, Edelmetalle), Dienstleistungen
(bspw. Frachten, Versicherungen) und ihre Derivate (Hansen et al. 2015, S. 229).

Die Festlegung der Preise, für die innerhalb einer Börse gehandelten Produkte und Dienstleistungen, erfolgt während den Handelszeiten durch die Makler, aufgrund der ihnen vorliegenden Kauf- und Verkaufsaufträgen. Die Maklerfunktion wird bei elektronischen Börsen, auch zweiseitige Auktion genannt, von einem Computerprogramm übernommen (vgl. Hansen et al. 2015, S. 229). Transaktionen über elektronischen Börsen können verdeckt oder kontinuierlich erfolgen.

Verdeckte zweiseitige Auktion
Bei einer verdeckten zweiseitigen Auktion geben nach Auktionsstart sowohl Anbieter als auch Nachfrager verdeckt ihre Offerten ab. Nach Ende der Biet-Phase werden die Offerten in Transaktionen überführt und die der Anbieter in aufsteigender Reihenfolge und die der Nachfrager in absteigender Reihenfolge in Vektoren geordnet. Dadurch können diskrete Angebots- und Nachfragekurven interpretiert werden. Die Bieter werden danach so zusammengeführt, dass der Umsatz maximiert wird (vgl. Hansen et al. 2015, S. 229 f.).

Kontinuierliche zweiseitige Auktion
Bei einer kontinuierlichen zweiseitigen Auktion werden die Offerten der Anbieter und Nachfrager fortlaufend zusammengeführt, wodurch stets ein neuer Kurs gebildet wird. Diese Form der zweiseitigen Auktion entspricht der variablen Notierung auf Wertpapierbörsen (vgl. Hansen et al. 2015, S. 230).

1.5   Mobile Business

1.5.1   Grundlagen des M-Business

Aufgrund der permanent wachsenden Bandbreite an mobilen IKT, die sich nicht nur aufgrund des technischen Fortschritts, sondern auch durch die mittlerweile fast flächendeckende Verfügbarkeit des Internets ergibt, haben viele Unternehmen damit begonnen, mobile Endgeräte und Applikationen in den betrieblichen Alltag zu integrieren. Hierzu zählen bspw. Applikationen zur Vertriebsunterstützung oder zur Darstellung von Unternehmensdaten. Der hieraus resultierende Begriff „Mobile Business" (M-Business) ermöglicht Unternehmen vor allem im B2B- und B2C-Bereich neue Potenziale, wie z. B. den zeit- und ortsunabhängigen Zugriff auf Unternehmensdaten oder die Fernsteuerung von Produktionsanalgen (vgl. Schönberger 2014a, S. 16 f.).

Als Untermenge des E-Business finden die Geschäftsbeziehungen innerhalb des M-Business rein auf Basis mobiler Endgeräte statt. Des Weiteren können benötigte Informationen zeit- und ortsabhängig abgerufen werden (vgl. Wirtz 2013, S. 77). Der Begriff M-Business kann wie folgt definiert werden:

▶ **M-Business** [...] umfasst alle Aktivitäten, Prozesse und Applikationen, welche mit mobilen Technologien realisiert werden können (Meier und Stormer 2012, S. 247).

Eine konkretere und ausführlichere Definition des Begriffs M-Business wird von der SAP AG gegeben:

▶ **M-Business** stellt einen Erweiterungsprozess von unternehmensrelevanten Computeranwendungen für alle Anwender wie Arbeitnehmer, Partner, Lieferanten und Kunden, unabhängig von Zeit, Ort, Vorhandensein von Netzwerkverbindung – via mobilen Geräten wie Handys, Palm- und Kleinstcomputern, sowie mobilen Industriegeräten dar. Mobile Business ist auch die Fähigkeit, existierende Wirtschaftsprozesse zu verbessern, neue Prozesse aufzustellen und somit letztendlich Umsatz zu generieren, durch eine weit verbreitete Nutzung von Computersystemen und -Ressourcen (Frick et al. 2002, S. 200).

Die Begriffsbestimmung zeigt, dass nicht nur der Einsatz tragbarer Endgeräte innerhalb von Planungs-, Abwicklungs- und Interaktionsprozessen, sondern alle unternehmensrelevanten Computeranwendungen im Vordergrund stehen. Ebenfalls wird die bereits gegebene Eingrenzung von Meier und Stromer konkretisiert. Um die Aktualität der gegebenen Definition zu erhalten, erscheint in Bezug auf die genannten mobilen Endgeräte, die Berücksichtigung von Smartphones und Tablet-PCs als sinnvoll (Schönberger 2014a, S. 17).

1.5.2   Anforderungen des M-Business

Zur Erfüllung der Dienste benötigt das M-Business mobile Endgeräte und Applikationen sowie Verbindungen zu Datendiensten verschiedener Mobilfunkanbieter. Unter mobilen Endgeräten werden Geräte verstanden, die für den mobilen Einsatz und somit für mobile Anwendungen konzipiert sind. Nach diesem Verständnis können sowohl portable PCs, wie z. B. Laptops oder Netbooks, als auch tragbare Bordcomputer, wie z. B. Navigationsgeräte, zur Klasse mobiler Endgeräte zugeordnet werden. Allerdings liegt im Fokus des M-Business insbesondere die Klasse der Handhelds, also Mobiltelefone oder Tablet-PCs (vgl. Kollmann 2013, S. 11). Der Begriff mobiles Endgerät kann wie folgt definiert werden:

▶ **Mobiles Endgerät** […] ist ein singuläres mit Prozessen ausgestattetes elektronisches Gerät, das a) drahtlos und mittels Batterie(n) an jeden beliebigen Ort transportiert werden kann, b) während des Transports (ohne zusätzliche Stützfläche) benutzt werden kann, c) über integrierte Ein- und Ausgabemodalitäten (z. B. Bildschirm, Tastatur etc.) verfügt und d) alle Komponenten in einem Gehäuse vereint (vgl. Schönberger 2014b, S. 94).

Während sich der Nutzenschwerpunkt des mobilen Internets anfangs noch auf die Informationssuche und Nachrichtenübermittlung fokussiert hatte, rückte seit den letzten Jahren immer mehr das Bedürfnis nach Interaktion und Mitgestaltung in den Vordergrund. Diese Entwicklung ist nicht zuletzt auf einfach zu bedienende Geräte sowie intuitiv steuerbare Applikationen zurückzuführen. Immer mehr Unternehmen erkennen den daraus resultierenden Mehrwert und ermöglichen den Zugriff auf Dienstleistungen über mobile Applikationen. Dabei suchen sie nach neuen innovativen Wegen, um den Kontakt mit Kunden auf- sowie auszubauen, um dadurch einen beiderseitigen Nutzen zu schaffen (Schönberger 2014b, S. 102). Der Begriff mobile Applikation kann wie folgt definiert werden:

▶ **Mobile Applikation** […] stellt eine spezifische Anwendungssoftware dar, die zur Anwendung auf einem Betriebssystem sowie zur Ausführung auf mobilen Endgeräten entwickelt wird und neben der Berücksichtigung besonderer Endgeräte-Eigenschaften, die Nutzung kabelloser Übertragungstechniken voraussetzt (Schönberger 2014b, S. 105).

Aus produktorientierter Sichtweise lassen sich für mobile Anwendungen vier Klassen identifizieren (Schönberger 2014b, S. 102 f.):

- Informationsorientierte Dienste, wie bspw. Reiseinformationen, Börseninformationen oder Nachrichten.
- Applikationsorientierte Dienste, wie bspw. Computerspiele, Übersetzungsdienste oder Währungsrechner.
- Transaktionsorientierte Dienste, wie bspw. Bezahldienste, Reservierungsdienste oder Tauschbörsen.
- Kommunikationsorientierte Dienste, wie bspw. E-Mail, Chat oder Soziale Netzwerke.

Zur Realisierung des M-Business sind neben mobilen Endgeräten und Applikationen weiterhin Datendienste verschiedener Mobilfunkbetreiber notwendig. Für die Anbindung an Mobilfunknetze werden hierfür drahtlose Schnittstellen, wie z. B. GSM (Global System for Mobile Communication), UMTS (Universal Mobile Telecommunications System) oder LTE (Long Term Evolution), verwendet (vgl. Kollmann 2013, S. 12 f.).

1.5.3 Ausprägungen des M-Business

Aus Abschn. 1.5.2 wird deutlich, dass leistungsfähige mobile Endgeräte, nutzenorientierte mobile Applikationen sowie schnelle Datenübertragungstechnologien der Mobilfunknetze die Grundlage des M-Business darstellen. In diesem Kontext lassen sich mobile Dienste in unterschiedliche Anwendungsfelder unterteilen, die jeweils spezifische Einsatzgebiete aufweisen (vgl. Wirtz 2013, S. 79 f.). Nachfolgend werden verschiedene Ausprägungen des M-Business genannt und näher erläutert.

M-Commerce
Als Teilgebiet des M-Business wird unter M-Commerce eine Transaktion verstanden, die über ein mobiles Endgerät abgewickelt wird und über einen monetären Wert verfügt (vgl. Wirtz 2013, S. 77). Kollmann definiert den Begriff M-Commerce wie folgt:

▶ **M-Commerce** Unter dem Begriff M-Commerce wird die Nutzung von mobilen Telefon-Endgeräten als Informationstechnologie bezeichnet, um über Informations-, Kommunikations- und Transaktionsprozesse zwischen den Netzteilnehmern reale oder elektronische Waren und Dienstleistungen anzubieten und abzusetzen, wobei der tatsächliche Verkauf im Mittelpunkt steht (Kollmann 2013, S. 23).

M-Commerce erlaubt es somit, jederzeit und überall mittels mobilen Endgeräten elektronische Transaktionen durchzuführen. In der Vergangenheit haben sich im M-Commerce insbesondere solche Dienstleistungen durchgesetzt, die zeitkritisch und für Personen interessant sind, die ständig unterwegs sind. In diesem Zusammenhang hat sich der Begriff des Mobile Shopping etabliert. *Amazon* bietet seinen Kunden die Möglichkeit, von unterwegs per mobilem Endgerät aus dem gesamten Sortiment zu bestellen. Weiterhin können bspw. Informationen zum Status der Bestellung oder Benachrichtigungen bei Versand einer Bestellung über das Endgerät abgerufen werden (vgl. Wirtz 2013, S. 89).

M-Payment

M-Payment ermöglicht die Bezahlung mithilfe eines mobilen Geräts und wird von einigen Experten als wichtigste Anwendung für mobile Geräte angesehen. In diesem Kontext können zwei verschiedene Ansätze verfolgt werden: Die Adaption bestehender E-Payment-Lösungen auf mobile Endgeräte oder die Entwicklung neuer Lösungen speziell für mobile Endgeräte (vgl. Meier und Stormer 2012, S. 257). M-Payment-Anwendungen können wie folgt definiert werden:

▶ **M-Payment-Anwendungen** [...] umfassen mobile Bezahlvorgänge an Automaten aller Art, z. B. Getränkeautomaten, das Bezahlen gegenüber einer Person, die als Händler oder Dienstleister auftritt, z. B. im Restaurant, sowie die Übertragung einer Geldsumme zwischen Endkunden (Wirtz 2013, S. 92).

M-Payment wird mittlerweile von zahlreichen Anbietern unterstützt, bspw. bei der Bezahlung von Kino- oder Konzertkarten, bei der Ersteigerung von Waren bei mobilen Auktionen oder bei der Tätigung von Sportwetten (vgl. Wirtz 2013, S. 92).

M-Entertainment

Die Distribution von mobilen Unterhaltungsdiensten gewinnt aufgrund der zunehmenden Verbreitung mobiler Endgeräte und den immer kostengünstigeren Datentarifen zunehmend an Bedeutung. Diese Dienstleistungen können in die Bereiche „M-Music", „M-Video" und „M-Games" unterteilt werden. Gründe hierfür liegen insbesondere darin, dass in diesen Bereichen eine höhere Akzeptanz für die Bezahlung von Unterhaltungsmedien aufzufinden ist (vgl. Wirtz 2013, S. 86). M-Entertainment kann wie folgt definiert werden:

▶ **M-Entertainment** [...] umfasst alle, für mobile Endgeräte multimedial aufbereiteten Entertainmentanwendungen, wie z. B. Musik, Videos oder Spiele (vgl. Wirtz 2013, S. 82).

Unter dem Bereich „M-Music" wird der digitale und mobile Vertrieb von Musikstücken zusammengefasst. Dagegen umfasst der Bereich „M-Video" alle videobasierten Inhalte, die, unter Berücksichtigung der technischen und umweltbezogenen Beschränkungen mobiler Videorezeption, Unterhaltung vermitteln. Der Bereich „M-Games" umfasst alle mobilen, interaktiven und digital aufbereiteten Unterhaltungsangebote in Form von Spielen. Üblicherweise werden die Inhalte über unterschiedliche Plattformen angeboten. In den Bereichen „M-Music" und „M-Video" stehen die Inhalte entweder als Download zur

Verfügung oder sie können direkt online abgerufen werden. Erlöse werden in den drei genannten Bereichen entweder durch Einmalzahlungen, Abonnementverträge oder Werbeeinblendungen erzielt (vgl. Wirtz 2013, S. 86 f.).

Literatur

Bächle, M., Lehmann, F.R.: E-Business. Grundlagen elektronischer Geschäftsprozesse im Web 2.0. Oldenbourg Wissenschaftsverlag, München (2010)

Fettke, P., Loos, P.: Referenzmodelle für das E-Business. http://wi.bwl.uni-mainz.de/publikationen/fettke+_2003_pbft_e-business.pdf. Zugegriffen: 15. Aug. 2015

Frick, O., Hofmann, M., Kramer, A., Netzel, A.: Mobile Business bei SAP. In: Teichmann, R., Lehner, F. (Hrsg.) Mobile Commerce. Strategien, Geschäftsmodelle, Fallstudien. Springer, Berlin (2002)

Hansen, R.H., Mendling, J., Neumann, G.: Wirtschaftsinformatik, 11. Aufl. De Gruyter, Berlin (2015)

Haupt, S.: Digitale Wertschöpfungsnetzwerke und kooperative Strategien in der deutschen Lackindustrie. Dissertation, Universität St. Gallen, Difo-Druck (2003)

Kollmann, T.: E-Business. Grundlagen elektronischer Geschäftsprozesse in der Net Economy, 5. Aufl. Springer Gabler, Wiesbaden (2013)

Kortus-Schultes, D., Ferfer, U.: Logistik und Marketing in der Supply Chain. Wertsteigerung durch virtuelle Geschäftsmodelle. Gabler, Wiesbaden (2005)

Laudon, K.C., Laudon, J.P., Schoder, D.: Wirtschaftsinformatik. Eine Einführung, 2. Aufl. Pearson, München (2010)

Maaß, C.: E-Business Management. Gestaltung von Geschäftsmodellen in der vernetzten Wirtschaft. Lucius & Lucius, Stuttgart (2008)

Meier, A., Hofmann, J.: Zur Klassifikation von Geschäftsmodellen im Market Space. HMD Prax Wirtsch. 45(3), 7–19 (2008)

Meier, A., Stormer, H.: eBusiness & eCommerce. Springer, Heidelberg (2012)

Schönberger, M.: Auf dem Weg zur optimalen mobilen Anwendung. In: Aichele, C., Schönberger, M. (Hrsg.) App4U. Mehrwerte durch Apps im B2B und B2C, S. 13–34. Springer Vieweg, Wiesbaden (2014a)

Schönberger, M.: Der professionelle Einstieg in die erfolgreiche App-Entwicklung. In: Aichele, C., Schönberger, M. (Hrsg.) App4U. Mehrwerte durch Apps im B2B und B2C, S. 87–132. Springer Vieweg, Wiesbaden (2014b)

Stoll, P.P.: E-Procurement. Grundlagen, Standards und Situation am Markt. Vieweg, Wiesbaden (2007)

Tapscott, D., Ticoll, D., Lowy, A.: Digital Capital. Harnessing the Power of Business Webs. Harvard Business School Press, Boston (2000)

Tapscott, D., Ticoll, D., Lowy, A.: Digital Capital. Von den erfolgreichsten Geschäftsmodellen profitieren. Campus, Frankfurt a. M. (2001)

Wirtz, B.: Electronic Business, 4. Aufl. Springer Gabler, Wiesbaden (2013)

E-Commerce

2

2.1 Grundlagen des E-Commerce

2.1.1 Definition des Begriffs E-Commerce

Auf Basis elektronischer Netze und mittels IKT, umfasst das E-Commerce Leistungsaustauschprozesse, wie Anbahnung, Aushandlung und Abschluss von Handelstransaktionen, zwischen mehreren Wirtschaftssubjekten. Die Möglichkeiten moderner IKT werden hierbei genutzt, um Produkte und Dienstleistungen zu verkaufen, ohne das hierbei Kosten für eine physische Präsenz entstehen. Das Ziel des E-Commerce ist die Realisierung von Effizienzsteigerungen, Kostensenkungspotenzialen und Bequemlichkeitsvorteilen während einer Handelstransaktion (vgl. Wirtz 2013, S. 30).

▶ **Transaktion** Unter einer Transaktion oder Markttransaktion im marktwirtschaftlichen Zusammenhang versteht man die bilaterale Abwicklung eines Geschäftsaktes, wobei Verfügungsrechte an Gütern von einem Verkäufer zu einem Käufer übertragen werden (Hansen et al. 2015, S. 193).

In der Literatur besteht eine Vielzahl an unterschiedlichen Definitionen des E-Commerce. Wirtz definiert den Begriff wie folgt:

▶ **E-Commerce** […] beinhaltet die elektronische Unterstützung von Aktivitäten, die in direktem Zusammenhang mit dem Kauf und Verkauf von Gütern und Dienstleistungen via elektronische Netze stehen (Wirtz 2013, S. 31).

Eine ähnliche Definition wird von Stallmann und Wegner gegeben:

© Springer Fachmedien Wiesbaden 2016
C. Aichele und M. Schönberger, *E-Business,*
DOI 10.1007/978-3-658-13687-1_2

▶ **E-Commerce** Ist die Summe aller digitalen Anbahnungs-, Aushandlungs-
und/oder Abwicklungsprozesse kommerzieller Transaktionen zwischen Wirtschaftssubjekten, die über das Internet abgewickelt werden. Der Verkauf und
Kauf von Gütern und Dienstleistungen steht dabei im Fokus (Stallmann und
Wegner 2015, S. 6).

Mit Fokussierung auf die Transaktionsprozesse eines Unternehmens, definieren
Weiber und Weber den Begriff wie folgt:

▶ **E-Commerce** Ist die Summe der Möglichkeiten zur Umsatzgenerierung über
Informations- und Kommunikationstechnologien und die Nutzung des Internets
als neue Distributionsplattform (vgl. Weiber und Weber 2002, S. 611).

Der Ausschuss für Definitionen zu Handel und Distribution bestimmt den Begriff
E-Commerce folgendermaßen:

▶ **E-Commerce** Unter elektronischem Handel werden vor allem diejenigen
Transaktionen auf einem Markt verstanden, durch die der Austausch von wirt-
schaftlichen Gütern gegen Entgelt begründet wird und bei denen nicht nur das
Angebot elektronisch offeriert, sondern auch die Bestellung elektronisch unter
Verwendung eines computergestützten Netzwerks (Internet) erfolgt (vgl. Aus-
schuss für Definitionen zu Handel und Distribution 2006, S. 24 f.).

Aus den Definitionen wird ersichtlich, dass unter dem Begriff „E-Commerce" alle
wirtschaftlichen Tätigkeiten zur Umsatzgenerierung über elektronische Medien
verstanden werden. Grundlage bildet insbesondere das Internet und dessen Möglichkeiten für die Anbahnung und Abwicklung von Austauschprozessen zwischen
Wirtschaftssubjekten.

2.1.2 Abgrenzung von E-Commerce und E-Business

Nach dem Ausschuss für Definitionen zu Handel und Distribution handelt es
sich beim E-Commerce um einen Teilbereich des E-Business (vgl. Ausschuss
für Definitionen zu Handel und Distribution 2006, S. 24 f.). Während der
Begriff „E-Business" unternehmensinterne als auch -übergreifende Geschäftsprozesse umfassen kann, konzentriert sich E-Commerce im Wesentlichen auf

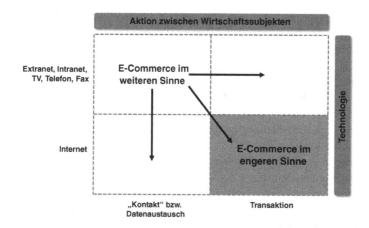

Abb. 2.1 Systematisierung und Abgrenzung des E-Commerce. (Bildrechte: in Anlehnung an Meffert 2000, S. 917)

Handelstransaktionen zwischen mehreren Geschäftspartnern über das Internet (vgl. Stahlmann und Wegner 2015, S. 5).

Meffert differenziert den Begriff E-Commerce in „E-Commerce im weiteren Sinne" und „E-Commerce im engeren Sinne" (vgl. Abb. 2.1). Mit der Bezeichnung „E-Commerce im weiteren Sinne" versteht Meffert alle Tätigkeiten, die bereits zuvor dem E-Business zugeordnet wurden (siehe Abschn. 1.1.2). Mit der Bezeichnung „E-Commerce im engeren Sinne" wird E-Commerce entsprechend den zuvor aufgezeigten Begriffsbestimmung definiert (siehe Abschn. 2.1.1). Somit ist nach der Differenzierungsmethode von Meffert der Begriff „E-Commerce" ebenfalls dem E-Business untergeordnet (vgl. Meffert 2000, S. 917 f.).

2.2 Geschäftsmodelle des E-Commerce

Ein Geschäftsmodell für den E-Commerce-Bereich wird folgendermaßen definiert:

▶ **E-Commerce-Geschäftsmodell** Ein Geschäftsmodell für Electronic Commerce bildet den Rahmen für die Geschäftstätigkeit eines Unternehmens im Internet. Das E-Commerce-Geschäftsmodell beschreibt die Geschäftsidee, die Vision, das Leistungsmodell, das Ertragsmodell sowie die unternehmerischen Rahmenbedingungen, die auf die jeweilige Bedingungslage abgestimmt sind (Hansen et al. 2015, S. 207).

Nach dem Gegenstand der Geschäftstätigkeit können folgende Gruppen von Unternehmen im Bereich des E-Commerce unterschieden werden (vgl. Hansen et al. 2015, S. 206):

- Anbieter von Netzwerkdiensten, bspw. für den Internet-Zugang,
- Anbieter von höherwertigen Kommunikationsdiensten, bspw. für Telefon-, E-Mail- oder Chat-Dienste,
- Anbieter von Dienstleistungen, die über das Internet erbracht werden können, bspw. Suchdienste,
- Anbieter von digitalen Gütern über das Internet, bspw. Video- oder Musikstreaming-Dienste,
- Anbieter von materiellen Gütern, wobei der Informationsaustausch und die Bezahlung der Güter über das Internet, die Lieferung der Waren jedoch über traditionelle Logistikwege erfolgen.

In Folge der Entwicklung hin zu einer vernetzten Informationsgesellschaft kann eine Veränderung der Marktsysteme für Unternehmen beobachtet werden. Durch das Internet wird der ursprüngliche physische Marktplatz durch einen digitalen Marktraum ergänzt, in dem zusätzlich digitale Produkte und Dienstleistungen abgesetzt werden können. Somit müssen Unternehmen heutzutage einen Mix von materiellen und immateriellen Produktteilen oder Dienstleistungen festlegen und entscheiden, wie die entsprechenden Geschäfte abgewickelt werden sollen (vgl. Meier und Hofmann 2008, S. 7).

Das 4C-Net Business Modell nach Wirtz unterteilt die Gesamtheit der im B2C-Bereich von Unternehmen verfolgten Geschäftsmodelle hinsichtlich ihrer Leistungs- und Wertschöpfungsprozesse im Internet in die vier Typen „Content", „Commerce", „Context" und „Connection" (siehe Abb. 2.2). Nach Wirtz sollten die Geschäftsmodelle innerhalb eines Typus relativ homogen und zwischen den Typen möglichst heterogen sein, damit die Geschäftsmodelltypologie eine ausreichende Orientierungs-, Differenzierungs- und Klassifizierungsmöglichkeit bietet (vgl. Wirtz 2013, S. 275 f.). Obwohl sich das Leistungsangebot des 4C-Net Business Modell an private Endabnehmer richtet, können die genannten Geschäftsmodelle auch im B2B-Bereich auftreten (vgl. Maaß 2008, S. 32).

Um die bereits angesprochene Homogenisierung der Geschäftsmodelle innerhalb der in Abb. 2.2 dargestellten Typen zu ermöglichen, wurde von Wirtz das durch Unternehmen veräußerte Leistungsangebot als Abgrenzungskriterium herangezogen. Demnach verfügen Unternehmen über ähnliche Leistungsangebote

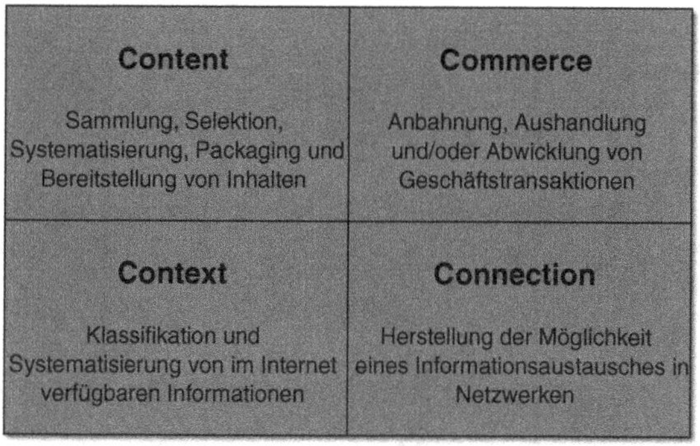

Content	Commerce
Sammlung, Selektion, Systematisierung, Packaging und Bereitstellung von Inhalten	Anbahnung, Aushandlung und/oder Abwicklung von Geschäftstransaktionen
Context	**Connection**
Klassifikation und Systematisierung von im Internet verfügbaren Informationen	Herstellung der Möglichkeit eines Informationsaustausches in Netzwerken

Abb. 2.2 4C-Net Business Model nach Wirtz. (Bildrechte: in Anlehnung an Wirtz 2013, S. 277)

und -prozesse, die von den Nachfragern als substituierbar angesehen werden (vgl. Wirtz 2013, S. 275 f.). Nachfolgend werden die vier Basisgeschäftsmodelle der 4C-Net Business Modelltypologie näher beschrieben.

2.2.1 Geschäftsmodell Content

Das Geschäftsmodell Content beschäftigt sich mit der Sammlung, Selektion, Systematisierung, Kompilierung und Bereitstellung von Inhalten (Content) auf einer eigenen Plattform in einem Netzwerk. Hierbei zielt das Geschäftsmodell darauf ab, den Nutzern einen einfachen und bequemen Zugang auf virtuell aufbereitete Inhalte zu ermöglichen. Varianten dieses Geschäftsmodells bilden die Modelle E-Information, E-Entertainment und E-Education, die dementsprechend über informierende, unterhaltende oder bildende Inhalte verfügen (siehe Abschn. 1.1.2). Die Erlöse innerhalb des Geschäftsmodells Content können entweder über direkte, bspw. durch den Verkauf von Premiuminhalten, oder über indirekte, bspw. durch Werbung, Erlösmodelle generiert werden. Beispiel für ein direktes Modell ist das *Amazon Prime Portal,* über das nur gegen eine Nutzungsgebühr Filme und Musik online abgerufen werden können. Dagegen sind Beiträge auf Statista.com bis auf Premiumartikel kostenlos. Die Erlöse werden hier indirekt über Werbeeinblendungen (Banner) realisiert (vgl. Wirtz 2013, S. 278; Kollmann 2013, S. 49).

In Abb. 2.3 wird das Geschäftsmodell Content mit den dazugehörigen Unterkategorien dargestellt.

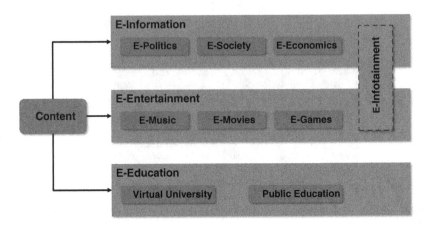

Abb. 2.3 Das Geschäftsmodell Content. (Bildrechte: in Anlehnung an Wirtz 2013, S. 279)

2.2.2 Geschäftsmodell Commerce

Das Geschäftsmodell Commerce umfasst die Anbahnung, Aushandlung und/ oder Abwicklung von Geschäftstransaktionen über Netzwerke. Bedingt durch die Möglichkeiten des Internets zielt das Geschäftsmodell darauf ab, die traditionellen Phasen einer Transaktion zu unterstützen, zu ergänzen oder gar zu substituieren und dabei den Nutzern eine einfache und schnelle Abwicklung der Kauf- und Verkaufsprozesse zu ermöglichen. Varianten des Geschäftsmodells bestehen in Form von E-Attraction, E-Bargaining und E-Transaction. Während letzteres Modell die Abwicklung von Geschäftstransaktionen in Form von Zahlungen und Auslieferungen erleichtern soll, versteht man unter E-Attraction alle Maßnahmen, die die Anbahnung von Transaktionen unterstützen. Die Geschäftsmodellvariante E-Bargaining, bzw. E-Negotiation, beschreibt die Aushandlung von Geschäftsbedingungen. Die Erlöse innerhalb des Geschäftsmodells Commerce werden wiederum direkt, durch den Verkauf von Produkten oder Dienstleistungen, sowie indirekt, bspw. durch Werbung, generiert. Ein Beispiel für die Umsetzung eines solchen Geschäftsmodells ist das Reiseunternehmen Expedia.de. Der Großteil des Reiseangebots wird direkt von den Anbietern erworben und die Hotelzimmer, Flug- oder Bahntickets werden über die eigene Website an Endkunden direkt weiterverkauft (vgl. Wirtz 2013, S. 306 f.; Kollmann 2013, S. 50).

In Abb. 2.4 wird das Geschäftsmodell Commerce mit den dazugehörigen Geschäftsmodellvarianten dargestellt.

Abb. 2.4 Das Geschäftsmodell Commerce. (Bildrechte: in Anlehnung an Wirtz 2013, S. 306)

2.2.3 Geschäftsmodell Context

Im Vordergrund des Geschäftsmodells Context steht die Klassifizierung, Systematisierung und Zusammenführung von verfügbaren Informationen und Leistungen in Netzwerken. Hierdurch wird das Ziel verfolgt, den Nutzern durch eine kriterien- und kontextspezifische Kompilierung und Präsentation von Informationen eine Verbesserung der Markttransparenz zu ermöglichen. Neben dieser Komplexitätsreduktion soll weiterhin eine Verbesserung des Suchaufwandes, für bspw. das Auffinden des richtigen Informationsangebotes oder der Navigation innerhalb der Context-Seiten eines Informationsanbieters, ermöglicht werden. Das Geschäftsmodell Context lässt sich in die drei Bereiche E-Search, E-Catalogs und E-Bookmarking weiter differenzieren. Zur ersten Kategorie zählen Internet-Suchdienste, die vollautomatisch und in regelmäßigen Abständen Webseiten und deren Inhalte erfassen, katalogisieren und diese für die Nutzer zur Verfügung stellen. Zur Kategorie E-Catalogs zählen Web-Kataloge, die ebenfalls Informationen zu Webseiten und deren Inhalte zur Verfügung stellen. Der Unterschied zum E-Search Modell besteht darin, dass die Katalogisierung der Webseiten nicht automatisch, sondern durch Redakteure erfolgt, die eine Bewertung über die jeweiligen Kataloginhalte verfassen. Unter der letzten Kategorie (E-Bookmarking) wird die gemeinschaftliche Indexierung von im Internet verfügbaren Informationen durch die Nutzer verstanden. Erlöse können direkt, bspw. über Gebühren für die Aufnahme von Inhalten, oder indirekt, bspw. durch Werbung,

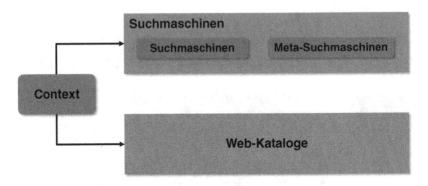

Abb. 2.5 Das Geschäftsmodell Context. (Bildrechte: in Anlehnung an Wirtz 2013, S. 331)

realisiert werden. Beispiele für die Umsetzung des Geschäftsmodells sind *Google*
(E-Search), Gelbe-Seiten.de (E-Catalog) oder Del.icio.us (E-Bookmarking) (vgl.
Wirtz 2013, S. 331 f.; Kollmann 2013, S. 50).

In Abb. 2.5 wird das Geschäftsmodell Context mit den dazugehörigen Varianten dargestellt.

2.2.4 Geschäftsmodell Connection

Gegenstand des Geschäftsmodells Connection ist die Realisierung von technischen, kommerziellen und kommunikativen Verbindungen und damit des
Informationsaustausches in Netzwerken. Ziel des Geschäftsmodells ist es, die
Interaktion zwischen zwei oder mehreren Akteuren in einem virtuellen Netzwerk herzustellen, die in der realen Welt aufgrund von hohen Transaktionskosten
oder Kommunikationsbarrieren nicht möglich wäre. Dementsprechend wird der
Geschäftsmodelltyp Connection in die Varianten Intra- sowie Inter-Connection
unterteilt. Während Intra-Connection das Angebot von Kommunikationsmöglichkeiten im Internet beschreibt, enthält der Bereich Inter-Connection Anbieter,
die den Zugang zu Netzwerken ermöglichen. Erlöse werden direkt, bspw. durch
Verbindungsgebühren, oder indirekt, bspw. durch Werbung, generiert. Beispiele
für die Umsetzung des Geschäftsmodells sind Soziale Netzwerke wie bspw. *Facebook* (kommunikative Zusammenführung), *T-Online* (technische Zusammenführung) oder ImmobilienScout24.de (kommerzielle Zusammenführung; vgl. Wirtz
2013, S. 357 f.; Kollmann 2013, S. 50 f.).

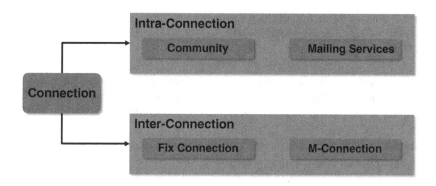

Abb. 2.6 Das Geschäftsmodell Connection. (Bildrechte: in Anlehnung an Wirtz 2013, S. 358)

In Abb. 2.6 wird das Geschäftsmodell Connection mit den dazugehörigen Unterkategorien dargestellt.

2.3 Bezahldienste des E-Commerce

2.3.1 Definition und Kategorisierung von Internet-Bezahldiensten

Zur Abwicklung von Zahlungen im E-Commerce können einerseits traditionelle Zahlungsarten, die vom stationären Handel her bekannt sind, und andererseits moderne Zahlungsmöglichkeiten, die auf dem Internet basieren, verwendet werden. Zu den klassischen Zahlungsverfahren zählen Rechnung, Vorkasse und Nachnahme. Die Spanne der modernen Zahlungsverfahren reicht von der Zahlung per elektronischer Lastschrift oder Kreditkarte bis hin zu speziellen E-Payment-Verfahren (vgl. Stahl et al. 2012, S. 167).

▶ **E-Payment** […] ist die elektronische Abwicklung von Zahlungsvorgängen. Eine Person oder Institution kann einen Geldbetrag elektronisch an einen Empfänger senden (Meier und Stormer 2012, S. 182).

Mit E-Payment kann bspw. ein Produkt bezahlt werden, welches im Internet über Online-Shops oder am Point of Sale mittels Kreditkarte gekauft wurde (vgl. Meier und Stormer 2012, S. 182). Solche Internet-Bezahldienste werden sowohl

im B2B- als auch im B2C-Bereich eingesetzt und oftmals für die Zahlungsabwicklung in elektronischen Märkten oder Webshops verwendet (vgl. Hansen et al.
2015, S. 218).

▶ **Internet-Bezahldienst** Ein Internet-Bezahldienst übernimmt als Mittler zwischen Anbieter (Verkäufer) und Benutzer (Käufer) die elektronische Zahlungsabwicklung beim Internet-Vertrieb (Hansen et al. 2015, S. 218).

Oftmals werden diese Zahlungsdienste als Komplettpakete angeboten, die die
gängigen Bezahlmöglichkeiten unterstützen, die an der Zahlung beteiligten
Akteure verwalten, Statistiken über abgeschlossene und laufende Transaktionen
sowie Absicherung gegen Zahlungsrisiken bieten. In der Regel haben die Anbieter eine transaktions- bzw. umsatzabhängige Gebühr an den Mittler zu entrichten,
während der Bezahldienst für den Käufer kostenlos ist (vgl. Hansen et al. 2015,
S. 218).

Für die Realisierung und den Einsatz von E-Payment-Lösungen müssen folgende, allgemeine Anforderungen berücksichtigt werden (vgl. Henkel 2001,
S. 106 f.):

- **Totalität,** d. h. es muss sichergestellt sein, dass eine Transaktion entweder
  komplett abgewickelt werden kann oder gar nicht zustande kommt.
- **Konsistenz,** d. h. es muss sichergestellt sein, dass alle an der Zahlung beteili-
  genden Akteure übereinstimmende Informationen über die Transaktion haben,
  bspw. Informationen über die Höhe des Betrages oder den Grund für die
  Zahlung.
- **Unabhängigkeit,** d. h. es muss sichergestellt sein, dass sich verschiedene Zahlungen nicht gegenseitig beeinflussen.
- **Dauerhaftigkeit,** d. h. es muss sichergestellt sein, dass im Falle einer fehler-
  haften Transaktion oder des Datenverlustes, der letzte Zustand des Systems
  wiederhergestellt werden kann.

Weitere Anforderungen an E-Payment-Lösungen bestehen in der Verlässlich-
keit des Zahlungsverfahrens, der Internationalität sowie in der Fälschungssi-
cherheit und Konvertierbarkeit elektronischer Zahlungsmittel in konventionelle
Zahlungsmöglichkeiten (vgl. Henkel 2001, S. 107). Die derzeit am Markt prak-
tizierten elektronischen Bezahlverfahren können unter Zuhilfenahme folgender
Kriterien klassifiziert werden (vgl. Meier und Stormer 2012, S. 182 f.; Lammer
und Strobm 2006, S. 59):

- Nach der **regionalen Verbreitung**, d. h. nach nationaler oder internationaler Verbreitung,
- nach den **Anwendungsszenarien**, z. B. in E-Commerce oder M-Commerce (siehe Abschn. 1.5),
- nach der **Höhe des Transaktionsbetrages**, z. B. in Micro- oder Macropayment,
- nach dem **technologischen Konzept**, z. B. nach der Art der Speicherung des elektronischen Geldes,
- nach der **Anonymität**, d. h. in anonyme oder nicht anonyme Transaktionen sowie
- nach dem **Zeitpunkt der Zahlung**, d. h. in Prepaid-, Pay-now- und Pay-later-Verfahren.

Im Folgenden wird eine Auswahl an elektronischen Bezahlverfahren betrachtet, die sich gegenwärtig im B2B- und B2C-Bereich etabliert haben. In diesem Zusammenhang werden Vorkasse-Zahlungen aufgrund der weiten Verbreitung als mögliche Variante mit berücksichtigt.

2.3.2 Elektronische Zahlungsabwicklung per Vorkasse

Bei der Vorkasse erfolgt eine Zahlung vor der Lieferung. Hierbei trägt der Kunde das Risiko, dass die Ware nicht, bzw. unvollständig oder fehlerhaft geliefert wird. Dagegen ist der Händler vor Zahlungsausfällen geschützt. Die Zahlung per Vorkasse im Internet ist für den Kunden sowie für den Händler oftmals umständlich, da der Kunde hierzu das Homebanking-Programm oder das Online-Banking seiner Bank verwenden und die Transaktionsdaten (Kontodaten des Händlers, Artikelnummer, Kundennummer, etc.) in ein Formular übertragen muss. Weiterhin kann der Händler erst dann die Ware versenden, wenn er einen Zahlungseingang verbuchen kann (vgl. Stahl et al. 2012, S. 170).

Zur Vermeidung der genannten Verzögerungen bei traditionellen Vorkasse-Zahlungen können Direktüberweisungsverfahren wie giropay verwendet werden. Durch giropay wird ein Kunde nach Abschluss des Bestellvorgangs zu dem Online-Banking-Portal seiner Bank weitergeleitet. Nach der Registrierung in einen geschützten Bereich wird dem Kunden ein bereits mit den Zahlungsdaten vorausgefüllter Überweisungsauftrag bereitgestellt. Dieser muss durch den Kunden nur noch bestätigt werden, bspw. durch eine Transaktionsnummer (TAN-Verfahren). Die Auftragsbestätigung wird daraufhin durch das Kreditinstitut an den Händler

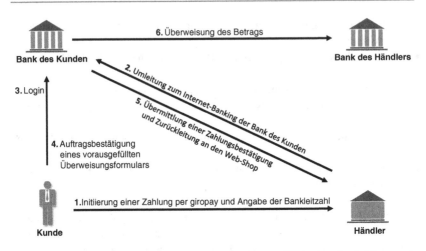

Abb. 2.7 Elektronische Zahlungsabwicklung per giropay. (Bildrechte: in Anlehnung an Stahl et al. 2012, S. 181)

übermittelt (vgl. Stahl et al. 2012, S. 181; Kollewe und Keukert 2014, S. 239). Die elektronische Zahlungsabwicklung per giropay ist in Abb. 2.7 dargestellt.

Der Vorteil durch giropay im Vergleich zu traditionellen Vorkasse-Zahlungen besteht insbesondere in der fehlerfreien Übertragung der Transaktionsdaten, da keine manuellen Eingaben mehr durchzuführen sind. Auch der Zahlungseingang beim Händler muss aufgrund des geringen Risikos nicht gesondert überwacht werden. Da giropay ebenfalls eine Vorkasse-Überweisung darstellt, trägt der Kunde weiterhin das Risiko bei der Bestellung (vgl. Kollewe und Keukert 2014, S. 239).

2.3.3 Elektronische Zahlungsabwicklung per Lastschrift

Der Einzug per Lastschriftverfahren stellt eine einfache Zahlungsabwicklung für Kunden als auch für Händler dar. Der Kunde gibt in einem Formular des Online-Shops des Händlers zur Bezahlung der Bestellung seine Kontodaten ein. Diese verwendet der Händler bei seiner Bank für den Einzug der Zahlung. Das Kreditinstitut des Händlers belastet daraufhin das Konto des Kunden und erhält eine Gutschrift (vgl. Stahl et al. 2012, S. 176). In Abb. 2.8 ist die elektronische Zahlungsabwicklung per Lastschrift abgebildet.

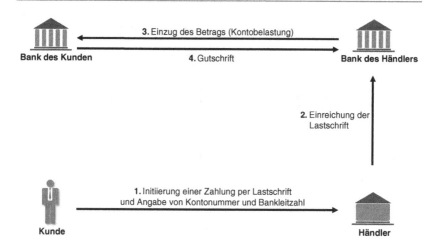

Abb. 2.8 Elektronische Zahlungsabwicklung per Lastschrift. (Bildrechte: in Anlehnung an Stahl et al. 2012, S. 176)

In der Vergangenheit war diese Form der Zahlungsabwicklung nur in Deutschland möglich, da das Verfahren auf die in Deutschland verwalteten Kontonummern und Bankleitzahlen beruhte. Der Einzug von Lastschriften aus ausländischen Statten gestaltet sich somit als schwierig bis unmöglich. Im Rahmen der Vereinheitlichung des europäischen Zahlungsverkehrs durch die SEPA-Lastschrift (Single Euro Payments Area) sowie der Umstellung der Kontonummern auf International Bank Account Numbers (IBAN) und der Bankleitzahlen auf Bank Identifier Codes (BIC), ist ein gesamteuropäisches Lastschriftverfahren verfügbar, mit dem auch Beträge von ausländischen Konten eingezogen werden können (vgl. Stahl et al. 2012, S. 176).

Bei Kunden ist das Lastschriftverfahren sehr beliebt, obwohl viele Bedenken haben, im Internet ihre Kontodaten anzugeben. Dagegen ist das Lastschriftverfahren bei Händlern mit einem erheblichen Risiko verbunden, da der Kunde getätigte Zahlungen, ohne Angaben von Gründen und innerhalb von acht Wochen nach Eingang der Lastschrift, zurückbuchen kann. Da dem Händler bei Internet-Bestellung üblicherweise keine schriftliche Einzugsermächtigung des Kunden vorliegt, kann im Streitfall gegenüber der Bank nicht die Rechtmäßigkeit der Lastschrift belegen werden (vgl. Stahl et al. 2012, S. 176; Kollewe und Keukert 2014, S. 241).

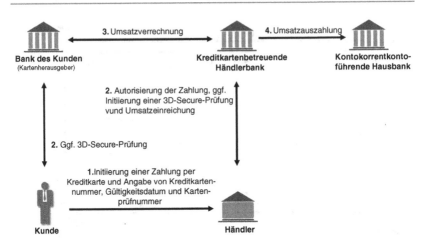

Abb. 2.9 Elektronische Zahlungsabwicklung per Kreditkarte. (Bildrechte: in Anlehnung an Stahl et al. 2012, S. 178)

2.3.4 Elektronische Zahlungsabwicklung per Kreditkarte

Bei einer Zahlung per Kreditkarte gibt der Karteninhaber seine Kreditkartendaten zur Bezahlung der Bestellung an den Händler weiter. Üblicherweise erfolgt die Weitergabe der Daten über den Online-Shop des Händlers. Nach der Bestätigung der Bestellung werden die Kreditkartendaten zur Autorisierung und Genehmigung an einen Payment Service Provider (PSP), auch Kreditkarten-Acquirer genannt, weitergeleitet. Der PSP übernimmt für den Händler Plausibilitäts- und Sicherheitsprüfungen in Echtzeit und wickelt die Abrechnung ab. Nach erfolgreicher Rückmeldung über die Abwicklung der Transaktion wird die Bestellung technisch abgeschlossen und der Händler kann die bestellte Ware an den Kunden versenden (vgl. Stahl et al. 2012, S. 177; Kollewe und Keukert 2014, S. 237). Die elektronische Zahlungsabwicklung per Kreditkarte ist in Abb. 2.9 dargestellt.

Rund die Hälfte aller in Deutschland betriebenen Online-Shops bietet die Zahlung per Kreditkarte an. Analog zum SEPA-Verfahren eignet sich die Kreditkarte ebenfalls für die Abwicklung von Transaktionen mit ausländischen Kunden oder Unternehmen. Weitere Vorteile durch die Zahlungsabwicklung per Kreditkarte bestehen in dem hohen Automatisierungsgrad der Abläufe auf Händler- und Käuferseite sowie in der relativ hohen Sicherheit der Transaktionsabwicklung (vgl. Kollewe und Keukert 2014, S. 237). Für Händler stellt die Integration der Zahlungsmöglichkeit in den Online-Shop sowie in die internen Abläufe einen erheblichen Aufwand dar. Des Weiteren fallen für die Inanspruchnahme der Dienstleistung des PSP Gebühren an, die durch den Händler entrichtet werden müssen (vgl. Stahl et al. 2012, S. 177).

2.3.5 Elektronische Zahlungsabwicklung mit E-Payment-Verfahren

Neben den in den vorhergehenden Kapiteln beschriebenen traditionellen Zahlungsmöglichkeiten Vorkasse, Lastschrift und Kreditkarte, die zum Teil für den Einsatz im E-Business angepasst wurden, sind auf das E-Commerce spezialisierte Zahlungsverfahren entwickelt worden. Im Folgenden werden diese Verfahren als E-Payment-Verfahren bezeichnet (vgl. Stahl et al. 2012, S. 177). Die in Deutschland gängigen E-Payment-Verfahren lassen sich im Wesentlichen in folgende vier Kategorien unterteilen (vgl. Stahl et al. 2015):

- **E-Mail-basierte Verfahren,** die über die Kommunikation per E-Mail Zahlungsinformationen austauschen. Zu diesen Verfahren gehören bspw. *PayPal* oder *Moneybookers.*
- **Karten-basierte Verfahren,** die auf einer Karte des Anbieters des Zahlungsverfahrens basieren. Zu diesen Verfahren gehören bspw. *GeldKarte* oder *paysafecard.*
- **Mobiltelefon-basierte-Verfahren,** die den Besitz eines Mobiltelefons und eines gültigen Anschlusses voraussetzen und diese zur Abwicklung des Kaufes einbinden (siehe Abschn. 1.5). Zu diesen Verfahren gehören bspw. *mpass* oder *Crandy.*
- **Sonstige Inkasso- oder Billing-Verfahren,** die einzelne Beträge zusammenfassen und den Händlern jeweils einen Gesamtbetrag auszahlen. Zu diesen Verfahren gehören bspw. *ClickandBuy* oder *T-Pay.*

Die elektronische Zahlungsabwicklung mittels E-Payment wird durch die Wahl eines der zuvor beschriebenen Zahlungsverfahren ausgelöst. Nach der Selektion eines Verfahrens wird der Kunde für die Bestätigung der Zahlung zu einer Bezahlseite des E-Payment-Anbieters weitergeleitet. Nach erfolgreicher Bestätigung wird der Kunde wieder zum Online-Shop zurückgeleitet. Der Händler erhält parallel dazu eine Rückmeldung über das Ergebnis des Zahlungsvorgangs. Der Zahlungsbetrag wird dem Konto des Händlers abzüglich der anfallenden Gebühren für die Dienstleistung gutgeschrieben. Abschließend kümmert sich der E-Payment-Anbieter um

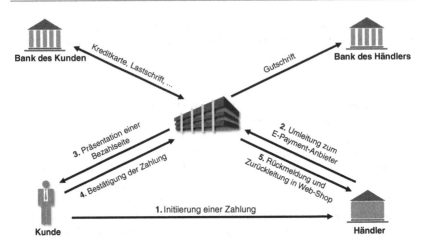

Abb. 2.10 Elektronische Zahlungsabwicklung mit E-Payment-Verfahren. (Bildrechte: in Anlehnung an Stahl et al. 2012, S. 179)

den Zahlungsausgleich, indem er bspw. den Betrag beim Kunden per Kreditkarte oder SEPA-Lastschrift einzieht (vgl. Stahl et al. 2012, S. 179 ff.). In Abb. 2.10 ist die Zahlungsabwicklung mit E-Payment-Verfahren abgebildet.

Vorteil der verschiedenen E-Payment-Verfahren, im Vergleich zu den bereits genannten klassischen Zahlungsverfahren, bildet die Abstimmung auf die Abwicklung von Zahlungen im E-Business. In Abhängigkeit des E-Payment-Anbieters wird dem Händler auch eine Zahlungsgarantie ausgesprochen. Viele Verfahren haben bisher keine allgemeine Verbreitung oder Zustimmung gefunden, sodass sich im Laufe der Zeit nur wenige E-Payment-Anbieter etablieren konnten, bspw. *PayPal* oder *ClickandBuy*. Daher kann es zu Kaufabbrüchen führen, wenn Händler auf ihren Online-Shops ausschließlich unbekannte oder vermeintlich risikobehaftete Verfahren anbieten (vgl. Stahl et al. 2012, S. 179).

Literatur

Ausschuss für Definitionen zu Handel und Distribution (Hrsg.): Katalog E. Definitionen zu Handel und Distribution, 5. Aufl., Köln (2006)
Hansen, R.H., Mendling, J., Neumann, G.: Wirtschaftsinformatik, 11. Aufl. De Gruyter, Berlin (2015)

Henkel, J.: Anforderungen an Zahlungsverfahren im E-Commerce. In: Teichmann, R., Nonnenmacher, M., Henkel, J. (Hrsg.) E-Commerce und E-Payment Rahmenbedingungen, Infrastruktur, Perspektiven, S. 103–122. Gabler, Wiesbaden (2001)

Kollewe, T., Keukert, M.: Praxiswissen E-Commerce. Das Handbuch für den erfolgreichen Online-Shop. O'Reilly, Köln (2014)

Kollmann, T.: E-Business. Grundlagen elektronischer Geschäftsprozesse in der Net Economy, 5. Aufl. Springer Gabler, Wiesbaden (2013)

Lammer, T., Strobon, K.: Internet-Zahlungssysteme in Deutschland und Österreich. Ein Überblick. In: Lammer, T. (Hrsg.) Handbuch E-Money, E-Paymenet & M-Payment, S. 57–72. Physica, Heidelberg (2006)

Maaß, C.: E-Business Management. Gestaltung von Geschäftsmodellen in der vernetzten Wirtschaft. Lucius & Lucius, Stuttgart (2008)

Meffert, H.: Marketing. Grundlagen marktorientierter Unternehmensführung. Konzepte, Instrumente, Praxisbeispiele, 9. Aufl. Springer Gabler, Wiesbaden (2000)

Meier, A., Hofmann, J.: Zur Klassifikation von Geschäftsmodellen im Market Space. HMD Praxis Wirtsch. **45**(3), 7–19 (2008)

Meier, A., Stormer, H.: eBusiness & eCommerce. Springer, Heidelberg (2012)

Stahl, E., Wittmann, G., Krabichler, T., Breitschaft, M.: E-Commerce-Leitfaden. Noch erfolgreicher im elektronischen Handel, 3. Aufl. Universitätsverlag Regensburg, Regensburg (2012)

Stahl, E., Wittmann, G., Pur, S., Seidenschwarz, H., Weinfurtner, S., Bolz, T.: Zahlen bitte – einfach, schnell und sicher! http://www.ecommerce-leitfaden.de/zahlen-bitte.html. (2015). Zugegriffen: 29. Aug. 2015

Stallmann, F., Wegner, U.: Internationalisierung von E-Commerce-Geschäften. Bausteine, Strategien, Umsetzung. Springer Gabler, Wiesbaden (2015)

Weiber, R., Weber, M.R.: Customer Relationship Marketing und Costumer Lifetime Value im Electronic Business. In: Weiber, R. (Hrsg.) Handbuch Electronic Business. Informationstechnologien, Electronic Commerce, Geschäftsprozesse, S. 609–644. Springer Gabler, Wiesbaden (2002)

Wirtz, B.: Electronic Business, 4. Aufl. Springer Gabler, Wiesbaden (2013)

E-Procurement

3

3.1 Grundlagen des E-Procurement

3.1.1 Definition des Begriffs E-Procurement

Beim E-Procurement handelt es sich um ein komplexes Managementinstrument, das inhaltlich und strukturell auf dem konventionellen Beschaffungsprozess aufbaut, diesen aber durch elektronische Medien unterstützt. Der Einsatzbereich des E-Procurement liegt insbesondere auf dem Leistungsaustausch eines Unternehmens zu seinem Lieferanten (B2B). Durch die Verwendung von E-Procurement-Systemen können diese Unternehmen-Lieferanten-Beziehungen elektronisch aufgebaut und neue Beschaffungsprozesse über das Internet realisiert werden (vgl. Wirtz 2013, S. 613; Kuhn und Hellingrath 2002, S. 164 f.).

Bei der Verwendung des Begriffs E-Procurement können unterschiedliche Definitionen in der Literatur identifiziert werden. Wirtz charakterisiert den Begriff wie folgt:

▶ **E-Procurement** […] ist die Integration von netzwerkbasierter Informations- und Kommunikationstechnologie zur Unterstützung von operativen Tätigkeiten und strategischen Aufgaben in den Beschaffungsbereich von Unternehmen (Wirtz 2013, S. 619).

Eine ähnliche Begriffserläuterung liefern Meier und Stormer:

▶ **E-Procurement** Unter E-Procurement versteht man sämtliche Beziehungsprozesse zwischen Unternehmen und Lieferanten mithilfe elektronischer Kommunikationsnetze. E-Procurement umfasst sowohl strategische, taktische wie operative Elemente des Beschaffungsprozesses (Meier und Stormer 2012, S. 70).

© Springer Fachmedien Wiesbaden 2016
C. Aichele und M. Schönberger, *E-Business,*
DOI 10.1007/978-3-658-13687-1_3

Aus den Definitionen wird ersichtlich, dass E-Procurement mit dem Begriff elektronischer Einkauf gleichgesetzt werden kann. Im Vergleich zum traditionellen Beschaffungsprozess erfolgt der Einkauf von Produkten bzw. Dienstleistungen über digitale Netzwerke und wird durch den Einsatz elektronischer Medien unterstützt (vgl. Kollmann 2013, S. 101).

Werden die operativen, administrativen und marktorientierten Tätigkeiten des Einkaufs ebenfalls durch elektronische Hilfsmittel unterstützt, so wird dieses unter dem Begriff E-Purchasing zusammengefasst und ist als Teil des umfassenderen Begriffs E-Procurement zu verstehen (vgl. Meier und Stormer 2012, S. 70). Eine scharfe Abgrenzung zwischen den Begriffen E-Procurement und E-Purchasing ist in der E-Business-Praxis jedoch nicht anzutreffen (vgl. Bächle und Lehmann 2010, S. 54).

3.1.2 Aufgaben und Ziele des E-Procurement

Die Aufgaben des E-Procurement lassen sich in die Bereiche E-Sourcing (strategische Beschaffung) und E-Ordering (operative Beschaffung) unterteilen (vgl. Bächle und Lehmann 2010, S. 54).

▶ **E-Sourcing** […] umfasst den Einsatz von elektronischen Medien im Rahmen der strategischen Beschaffung (Kortus-Schultes und Ferfer 2005, S. 88).

▶ **E-Ordering** […] umfasst den Einsatz von elektronischen Medien im Rahmen der operativen Beschaffung (Stoll 2007, S. 19 f.).

Die Aktivitäten des E-Sourcing fallen im strategischen Einkauf an und beinhalten folgende Tätigkeiten (vgl. Kortus-Schultes und Ferfer 2005, S. 88):

- Bedarfserfassung und Spezifikation,
- Beschaffungsmarktforschung,
- Lieferantenfindung und Vorqualifikation,
- Ausschreibung und Anfrage.

Das Ziel von E-Sourcing besteht darin, Einkäufern und Verkäufern Zugriff auf möglichst viele potenzielle Geschäftspartner zu bieten und über eine elektronische Handelsplattform das Zustandekommen von Geschäften zu optimieren. Im Vordergrund des E-Sourcing steht hierbei die Einsparung von Produktkosten (vgl. Stoll 2007, S. 25 f.).

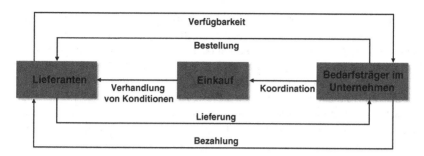

Abb. 3.1 Ablauf der elektronischen Beschaffung von C-Gütern. (Bildrechte: in Anlehnung an Stoll 2007, S. 20)

Die Aufgabe des E-Ordering besteht in der Unterstützung der operativen Beschaffung durch die Automatisierung der Bestellabwicklung. Im Fokus steht hauptsächlich die Beschaffung von C-Gütern. In der Regel basieren E-Ordering-Lösungen auf elektronischen Produktkatalogen, aus denen ein Besteller seine benötigten Waren auswählt. Die daraus generierte Bestellung wird bei Bestätigung des Kaufes automatisch an den Lieferanten übertragen, verbucht und die Bezahlung veranlasst (siehe Abb. 3.1). Somit liegen die Aktivitäten des E-Ordering im operativen Bestellprozess und beinhalten insbesondere folgende Tätigkeiten (vgl. Stoll 2007, S. 19 f., 65):

- Verfügbarkeitsprüfung,
- Genehmigungen,
- Wareneingang und
- Rechnungsprüfung.

Neben der Automatisierung der Bestellabwicklung soll der Einsatz von E-Ordering weiterhin zu einer Reduzierung der Prozesskosten führen (vgl. Stoll 2007, S. 18). Möglichkeiten für die Umsetzung von E-Ordering-Lösungen werden in Abschn. 3.2 vorgestellt und erläutert.

Die Ziele des E-Procurement lassen sich von den allgemeinen Zielen der klassischen Beschaffung ableiten. Hierbei müssen Sach- und Formalziele sowie strategische und operative Ziele differenziert betrachtet werden. Oberstes Sachziel der Beschaffung besteht in der Sicherstellung der Versorgung eines Unternehmens mit relevanten Waren, Dienstleistungen oder sonstigen Ressourcen. In diesem Zusammenhang bestehen die Formalziele der Beschaffung in Form von Kostenreduktion oder Qualitäts- und Leistungsverbesserung. Strategische Ziele

bestehen in der Sicherung der Beschaffungsmarktposition sowie der Qualitäts-
und Versorgungssicherung. Als operative Beschaffungsziele können beispielhaft
die Optimierung der Beschaffungskosten oder die Reduktion von Lagerhaltungs-
kosten angeführt werden (vgl. Wirtz 2013, S. 619 f.).

Neben den genannten Zielen aus der klassischen Beschaffung werden durch den
Einsatz von E-Procurement-Lösungen auch spezifische Ziele verfolgt. Diese bestehen neben der zeit- und kosteneffizienten Gestaltung der Tätigkeiten der Beschaffung weiterhin in der Konzentration auf einzelne strategische Aufgaben, durch die
ein höherer Wertschöpfungsanteil erzielt werden kann (vgl. Wirtz 2013, S. 620).

3.2   Grundmodelle des E-Procurement

Für die Interaktion zwischen beschaffenden Unternehmen und Lieferanten über
E-Procurement-Systeme stehen verschiedene Alternativen zur Verfügung. Diese
Interaktionsformen lassen sich anhand der Zahl der involvierten Partner am elektronischen Beschaffungsprozess unterscheiden. Als Akteure können Anbieter
(Sell-Side), Nachfrager (Buy-Side) sowie neutrale Intermediäre (Marketplace)
auftreten (vgl. Meier und Stormer 2012, S. 74; Wirtz 2013, S. 643). Die daraus
resultierenden Modelle des E-Procurement werden in Abb. 3.2 dargestellt und in
den nachfolgenden Kapiteln detailliert erläutert.

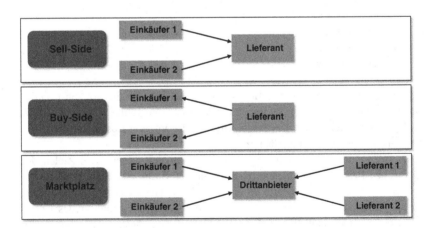

Abb. 3.2 Grundmodelle des E-Procurement. (Bildrechte: in Anlehnung an Meier und
Stormer 2012, S. 75)

Sell-Side-Modell

Sell-Side-Modelle fokussieren auf Lieferanten (Anbieter), die in der Regel auf einer eigenen Webseite einen elektronischen Katalog implementieren, der Informationen zu den Produkten und Dienstleistungen des Unternehmens enthält. Diese Informationen umfassen bspw. die lieferbare Produktpalette, die Verfügbarkeit einzelner Produkte sowie deren voraussichtlichen Liefertermine (vgl. Wirtz 2013, S. 646). Bei diesen Modellen stellt der Lieferant die Einkaufssoftware und ist auch zuständig für die Aktualisierung und Wartung des elektronischen Katalogs. Der Zugang zum Katalog kann entweder offen oder auf bestimmte Partner beschränkt sein (vgl. Stoll 2007, S. 21).

Für Einkäufer bieten Sell-Side-Lösungen eine Informationsverbesserung sowie eine Beschleunigung des Beschaffungsprozesses. Seitens der Anbieter können anhand von Statistiken zu Kaufverhalten, Bestellmodalitäten und Auftragsgrößen bessere Informationen über den Abverkauf der Produkte und Dienstleistungen in Erfahrung gebracht werden (vgl. Wirtz 2013, S. 646).

Nachteile der Sell-Side-Modelle bestehen in der Heterogenität der Systeme, d. h., dass innerhalb der verschiedenen Lieferantensysteme weder der Zugriff noch die Benutzerführung standardisiert sind. Weiterhin sind oftmals teure Schnittstellen notwendig, um eine Anbindung der Lieferantensysteme an die ERP-Systeme (Enterprise Ressource Planning) der beschaffenden Unternehmen zu ermöglichen (vgl. Stoll 2007, S. 22).

Buy-Side-Modell

Bei Buy-Side-Modellen ist die entsprechende Einkaufssoftware, auch Desktop Purchasing System (DPS) genannt, auf den Rechnern der zu beschaffenden Unternehmen installiert. Der elektronische Katalog muss nach erfolgreicher Installation von dem Lieferanten angefordert und in das DPS übertragen werden. Oftmals ist es möglich, mehrere Produktkataloge in ein DPS zu integrieren. Unternehmen haben dann die Möglichkeit, einen individuellen Multilieferantenkatalog mit verdichteten Artikeln mehrere unterschiedlicher Lieferanten zu betreiben (vgl. Wirtz 2013, S. 74).

Ein Vorteil von Buy-Side-Lösungen ist die bessere Abstimmung auf die unternehmenseigenen Bestellprozesse. Zudem kann eine Senkung des Einstandspreises der nachgefragten Artikel ermöglicht werden. Weiterhin bleibt durch die Nutzung von Multilieferantenkataloge der Beschaffungsprozess weitgehend lieferantenunabhängig (vgl. Wirtz 2013, S. 650).

Buy-Side-Modelle sind für beschaffende Unternehmen dennoch mit Nachteilen verbunden, insbesondere die Erstellung und kontinuierliche Aktualisierung eines Multilieferantenkatalogs kann zu erheblichen Kosten führen. Zudem kann die Einführung eines DPS einen enormen Zeitaufwand erfordern (vgl. Stoll 2007, S. 24).

Marketplace-Modell

Bei Marketplace-Modellen handelt es sich um katalogbasierte virtuelle Marktplätze, die von neutralen Drittunternehmen etabliert und betrieben werden. Diese
Marktplätze werden von den beschaffenden Unternehmen sowie von Lieferanten
gleichzeitig genutzt. Marketplace-Modelle bauen auf dem Prinzip der Sell-Side-
Modelle auf, mit dem Unterschied, dass die Katalogdaten einzelner Lieferanten
durch den Drittanbieter gesammelt und einheitlich über den Marktplatz veröffent-
licht werden. Der Zugang zu einem virtuellen Marktplatz kann dementsprechend
entweder offen oder geschlossen sein (vgl. Meier und Stormer 2012, S. 75).

Der Vorteil katalogbasierter Marktplätze besteht für die Einkäufer in dem
Zugriff auf eine breite Produktpalette verschiedener Lieferanten. Produkte, Preise
und Liefertermine sind so gut vergleichbar und können über eine standardisierte
Benutzeroberfläche eingesehen werden. Ein weiterer Vorteil besteht in den gerin-
gen Implementierungs- und Wartungskosten als bei einer Sell-Side- oder Buy-
Side-Lösung (vgl. Stoll 2007, S. 25; Wirtz 2013, S. 651).

Nachteile der Inanspruchnahme eines virtuellen Marktplatzes bestehen zum
einen für beschaffende Unternehmen und Lieferanten in der fehlenden Anbindung an ein ERP-System und zum anderen für den neutralen Drittanbieter, in
den hohen Kosten und Zeitaufwänden für die Beschaffung, Standardisierung und
Aktualisierung der Produktkataloge mehrerer Lieferanten (vgl. Stoll 2007, S. 25;
Wirtz 2013, S. 654).

3.3   Prozesse des E-Procurement

Wie in Abschn. 3.1.2 erwähnt, werden die Aufgaben des E-Procurement in stra-
tegische und operative Beschaffungsprozesse unterteilt. Zu den strategischen
Prozessen zählen alle Tätigkeiten, die bei der Anbahnung und Vereinbarung der
zu beschaffenden Güter oder Dienstleistungen anfallen. Die Tätigkeiten bei der
Abwicklung und Kontrolle dieser Güter oder Dienstleistungen zählen zu den
operativen Prozessen der Beschaffung (vgl. Stoll 2007, S. 10). In Abb. 3.3 ist das
Phasenkonzept der Beschaffung mit den jeweiligen strategischen und operativen
Prozessen abgebildet.

Anbahnungsphase

Im Rahmen der Anbahnungsphase erfolgt aufgrund der Ermittlung oder Fest-
stellung eines Defizites an benötigten Gütern oder Leistungen, die Initiierung
des betrieblichen Beschaffungsprozesses. In diesem Zusammenhang lassen sich
drei Detailphasen festhalten: Die Bedarfsermittlung, die Bestandskontrolle und

Abb. 3.3 Phasenkonzept der Beschaffung. (Bildrechte: in Anlehnung an Wirtz 2013, S. 633)

die Bezugsquellenermittlung (siehe Abschn. 3.1.2). Die Bedarfsermittlung kann durch den Bedarfsträger selbst oder durch die zyklische Bedarfsplanung erfolgen. Der hierbei festgestellte Bedarf wird im weiteren Verlauf mit dem Lagerbestand des Unternehmens abgeglichen. Die Bestandskontrolle im E-Procurement erfolgt in der Regel über ein unternehmensinternes ERP-System, welches weiterhin den Zugriff auf die Lagerverwaltung sowie den Abgleich von Anforderungen und den aktuellen Warenbestand ermöglicht. Der Prozess der Bezugsquellenermittlung wird dann angestoßen, sofern die benötigten Güter nicht am Lager vorhanden sind. Die Auswahl der richtigen Bezugsquelle und somit des zu beschaffenden Produktes erfolgt bei etablierten und langfristigen Lieferanten-Beziehungen über einen Vergleich der Katalogdaten der potenziellen Anbieter (vgl. Wirtz 2013, S. 634; Mertens et al. 2012, S. 87 f.).

Vereinbarungsphase
In der Vereinbarungsphase erfolgt die Verhandlung zwischen dem beschaffendem Unternehmen sowie einem oder mehreren Lieferanten. Hierbei lassen sich folgende Detailphasen festhalten: Die Lieferanten-, bzw. Produktauswahl, die Budgetfreigabe und die Bestellung (siehe Abschn. 3.1.2). Innerhalb der ersten Detailphase erfolgt die kriterienspezifische Selektion eines

oder mehrerer Lieferanten sowie die Auswahl der benötigten Produkte oder Dienstleistungen. In diesem Kontext werden über einen E-RFP und E-RFQ Rahmenbedingungen, Volumen sowie Preise und Rabatte eingeholt und verhandelt (siehe Abschn. 1.4.3). In der Phase der Budgetfreigabe durchläuft die Bestellanfrage des Bedarfsträgers einen Genehmigungsprozess. Sofern die vom Bedarfsträger ausgewählten Artikel im Rahmen eines bestimmten Budgets bleiben, erteilt das System eine Genehmigung und transformiert die Anforderung in eine Bestellung. Diese stellt den Abschluss der Beschaffungsentscheidung dar und wird elektronisch in das ERP-System übertragen. Dort dient sie als Grundlage für die Überprüfung des Wareneingangs und der zu zahlenden Rechnung (vgl. Wirtz 2013, S. 638 f.; Mertens et al. 2012, S. 88 f.).

Abwicklungsphase
Im Fokus der Abwicklungsphase stehen die Lieferung und die damit verbundene Bezahlung der Bestellung durch den jeweiligen Bedarfsträger. Folgende Detailphasen lassen sich hierzu unterscheiden: Die Bestellüberwachung, der Wareneingang, die Rechnungsprüfung und die Zahlungsabwicklung (siehe Abschn. 3.1.2). Innerhalb der Phase der Bestellüberwachung werden durch den Bedarfsträger der Bestellstatus überprüft und Lieferfristen überwacht. Im Bedarfsfall werden Mahnungen an Lieferanten versendet oder diese zur erneuten Gebotsabgabe aufgefordert. Die Bestellüberwachung findet üblicherweise dezentral durch den Bedarfsträger statt, der mithilfe eines DPS und sog. Tracking-Funktionen den Genehmigungsstatus der Bestellanforderung als auch den aktuellen Status der erfolgten Bestellung prüfen kann. In der Detailphase des Wareneingangs erfolgen die quantitative und qualitative Prüfung der gelieferten Ware sowie die Meldung von Fehl-, Über- oder Unterlieferungen. Werden die bestellten Güter dezentral beim Bedarfsträger angeliefert, wird dies als Desktop Receiving bezeichnet. Nach Abschluss der Wareneingangskontrolle wird eine Bestätigung des Wareneingangs generiert und der Zugang zusammen mit der Lieferantenrechnung im ERP-System verbucht. Auf dieser Grundlage kann durch die Rechnungsprüfung die rechnerische Korrektheit der Lieferung kontrolliert und die ursprüngliche Bestellung mit dem tatsächlichen Wareneingang verglichen werden. Fehler und Folgekosten, die ggf. durch eine personelle Prüfung entstehen könnten, werden durch das ERP-System weitestgehend vermieden. Abschließend können zur Zahlungsabwicklung die bereits im Unternehmen etablierten traditionellen Zahlungsformen, wie Überweisung oder Lastschriftverfahren, sowie elektronische Zahlungsmethoden (siehe Abschn. 2.3) verwendet werden (vgl. Wirtz 2013, S. 639 ff.; Mertens et al. 2012, S. 89 f.).

Zusammenfassend ist festzuhalten, dass die Einsatzfähigkeit des E-Procurement in jeder Phase des betrieblichen Beschaffungsprozesses gegeben ist. Welche

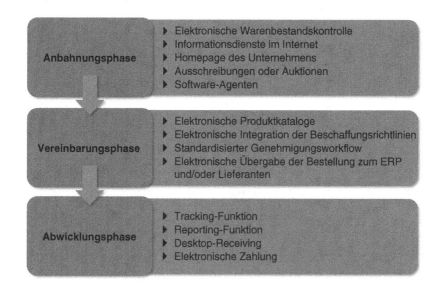

Abb. 3.4 Unterstützung des Beschaffungsprozess durch E-Procurement. (Bildrechte: in Anlehnung an Wirtz 2013, S. 641)

Möglichkeiten IKT-Anwendungen des E-Procurement zur Unterstützung des Beschaffungsprozesses verwendet werden können, wird in Abb. 3.4 dargestellt.

Literatur

Bächle, M., Lehmann, F.R.: E-Business. Grundlagen elektronischer Geschäftsprozesse im Web 2.0. Oldenbourg Wissenschaftsverlag, München (2010)

Kollmann, T.: E-Business. Grundlagen elektronischer Geschäftsprozesse in der Net Economy, 5. Aufl. Springer Gabler, Wiesbaden (2013)

Kortus-Schultes, D., Ferfer, U.: Logistik und Marketing in der Supply Chain. Wertsteigerung durch virtuelle Geschäftsmodelle. Gabler, Wiesbaden (2005)

Kuhn, A., Hellingrath, H.: Supply Chain Management. Optimierte Zusammenarbeit in der Wertschöpfungskette. Springer, Berlin (2002)

Meier, A., Stormer, H.: eBusiness & eCommerce. Springer, Heidelberg (2012)

Mertens, P., Bodendorf, F., König, W., Picot, A., Schuhmann, M., Hess, T.: Grundzüge der Wirtschaftsinformatik, 11. Aufl. Springer, Berlin (2012)

Stoll, P.P.: E-Procurement. Grundlagen, Standards und Situation am Markt. Vieweg, Wiesbaden (2007)

Wirtz, B.: Electronic Business, 4. Aufl. Springer Gabler, Wiesbaden (2013)

E-Distribution

4

4.1 Grundlagen der E-Distribution

Unter Distribution werden alle Entscheidungen und Handlungen, die im Zusammenhang mit dem Weg einer Ware zum Kunden stehen, zusammengefasst. Hierbei umfasst die Distributionspolitik alle Maßnahmen eines Unternehmens, die darauf gerichtet sind, die Leistungen des Betriebes in der jeweils verlangten Menge und Qualität, zum richtigen Zeitpunkt und am gewünschten Ort den Abnehmern verfügbar zu machen (vgl. Meffert et al. 2015, S. 512 f.). Meffert et al. definiert den Begriff Distributionspolitik wie folgt:

▶ **Distributionspolitik** […] bezieht sich auf die Gesamtheit aller Entscheidungen und Handlungen, welche die Verteilung und/oder immateriellen Leistungen vom Hersteller zum Endkäufer und damit von der Produktion zur Konsumtion bzw. gewerblichen Verwendung betreffen (Meffert et al. 2015, S. 512).

Hansen et al. definieren den Begriff Distributionspolitik hinsichtlich der Verrichtung einer Überbrückungsfunktion:

▶ **Distributionspolitik** […] umfasst alle betrieblichen Maßnahmen, um die angebotenen Güter vom Ort ihrer Entstehung unter Überbrückung von Raum und Zeit an die Kunden zu übermitteln (Hansen et al. 2015, S. 244).

Eine ähnliche Definition wird von Wirtz gegeben, der im Vergleich zu Meffert et al. und Hansen et al. den Begriff Distributionsmanagement synonym zum Begriff Distributionspolitik verwendet:

© Springer Fachmedien Wiesbaden 2016
C. Aichele und M. Schönberger, *E-Business,*
DOI 10.1007/978-3-658-13687-1_4

▶ **Distributionsmanagement** Unter dem Begriff Distributionsmanagement soll die Gesamtheit aller Maßnahmen verstanden werden, die dazu dienen, die Produkte und Leistungen eines Unternehmens so bereitzustellen, dass diese den Bedürfnissen der Nachfrager in räumlicher, zeitlicher quantitativer und qualitativer Hinsicht gerecht werden (Wirtz 2013, S. 418).

Zusammenfassend ist ersichtlich, dass die Distribution der Überbrückung von zeitlichen und räumlichen Distanzen zwischen vorgelagerten und nachgelagerten Stufen dient. Dabei handelt es sich im Allgemeinen um Lieferung und Verteilung der Leistungen vom Produzenten bis zum Konsumenten bzw. zum Weiterverwender. Insbesondere Entscheidungen über die Ausgestaltung des Vertriebssystems sowie der Absatzwege und -formen (siehe Abschn. 4.2.1) sind in diesem Zusammenhang von Bedeutung (vgl. Wirtz 2013, S. 418).

Durch den Einsatz des E-Business sowie modernen IKT für die Verteilung und Vermarktung von Unternehmensleistung entstand ein zusätzlicher elektronischer Absatzkanal der es Kunden ermöglicht, Kaufentscheidungen aufgrund elektronisch übermittelter Informationen zu treffen. Dadurch wurden gegenüber der traditionellen Distribution zahlreiche Veränderungen induziert, wie bspw. Möglichkeiten des direkten Preisvergleichs, bequemere Bestellmöglichkeiten oder die Lieferung nach Hause (vgl. Wirtz 2013, S. 419; Hansen et al. 2015, S. 245). Meier und Stormer definieren den Begriff E-Distribution wie folgt:

▶ **E-Distribution** […] ist die Verteilung eines digitalen Produktes oder einer Dienstleistung mithilfe eines elektronischen Kommunikationsnetzes, resp. des Internets (Meier und Stormer 2012, S. 155).

Nach dieser Definition würde eine elektronische Distribution über das Internet nur dann erfolgen, falls digitale Produkte oder Dienstleistungen über den Händler bezogen werden. Allerdings können auch physische Produkte und Leistungen über einen elektronischen Distributionsweg zum Kunden gelangen. Wirtz spricht hierbei von E-Distribution im engeren oder weiteren Sinne:

▶ **E-Distribution** […] bezeichnet die Ausübung wertschöpfender Aktivitäten der Distributionskette in einem elektronisch basierten Vertriebsweg. Dabei soll von elektronischer Distribution im engeren Sinne gesprochen werden, wenn auch die Bereitstellung bzw. die Überbringung der Unternehmensleistung zum Kunden auf elektronischem Weg erfolgt. Erfolgen hingegen der Informationsaustausch und die Bestellung elektronisch, die Bereitstellung der Ware jedoch auf physischem Wege, so soll von elektronischer Distribution im weiteren Sinne gesprochen werden (Wirtz 2013, S. 420).

Im weiteren Verlauf dieses Kapitels wird jedoch auf eine weiter oder enger gefasster Spezialisierung der E-Distribution verzichtet.

4.2 Charakterisierung der E-Distribution

4.2.1 Absatzwege der E-Distribution

Für Unternehmen bildet die Wahl und Ausgestaltung der Absatzwege eine strategische Aufgabe. Für die Unternehmen besteht hierbei die Wahl zwischen indirekten und direkten Absatzkanälen. Unter einem indirekten Absatzkanal wird die Weiterleitung der Produkte oder Dienstleistungen an die Verbraucher von ausgewählten Handelsunternehmen verstanden. Diese Handelsunternehmen werden hierbei als Absatzmittler bezeichnet. Bei einem direkten Absatz werden keine weiteren Absatzmittler zwischen den Hersteller und seinen Endkunden geschaltet. Die Entscheidung für einen Absatzweg ist abhängig von den Eigenschaften der Produkte oder Leistungen (vgl. Wirtz 2013, S. 422; Meier und Stormer 2012, S. 154). In Abb. 4.1 sind die Absatzwege der E-Distribution abgebildet.

Indirekter Absatz
Zu den Absatzmittlern in einem indirekten Absatzkanal werden insbesondere Einzel- und Großhändler eingeschaltet (vgl. Abb. 4.1). Darüber hinaus können auch Infomediäre (siehe Abschn. 1.3.2.5) als weitere Marktpartner auftreten, die primär mit digitalen Gütern Zwischenhandel betreiben (vgl. Meier und Stormer 2012, S. 154).

▶ **Indirekter Absatz** [...] liegt dann vor, wenn rechtlich und wirtschaftlich selbstständige Einzel- und/oder Großhändler (Absatzmittler) oder vertraglich gebundene, aber wirtschaftlich selbstständige Kooperationspartner in den Absatzkanal eingeschaltet sind. Dabei können die wechselseitigen Beziehungen zwischen Hersteller und Absatzmittler entweder frei, d. h. ohne längerfristige gegenseitige Vereinbarungen ausgestaltet, oder aber vertraglich geregelt sein (Meffert et al. 2015, S. 522).

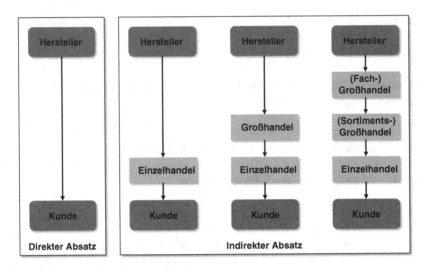

Abb. 4.1 Absatzwege der E-Distribution. (Bildrechte: in Anlehnung an Wirtz 2013, S. 422)

Eine besondere Form des indirekten Absatzes ist das Franchising. Unter Franchising versteht man ein Absatzsystem, bei dem der Franchisegeber dem Franchisenehmer den Vertrieb seiner Produkte und Dienstleistungen nach einheitlichen Regeln überträgt (Meier und Stormer 2012, S. 154). Für die Kunden wirkt der Betrieb des Franchisenehmers wie eine Filiale, da die Produkte und Dienstleistungen unter gleichen Bezeichnungen angeboten werden und die Verkaufsräume hinsichtlich einer Corporate Identity einheitlich gestaltet sind (vgl. Meier und Stormer 2012, S. 154).

▶ **Franchising** […] ist ein vertikal-kooperativ organisiertes Vertriebssystem rechtlich und finanziell selbstständiger Unternehmen auf der Basis eines vertraglichen Dauerschuldverhältnisses, wobei die Systemführerschaft dem Franchisegeber obliegt (vgl. Meffert et al. 2015, S. 538).

Die hohe Bedeutung des Handels beim Vertrieb von Produkten oder Dienstleistungen führt dazu, dass Hersteller einen indirekten Absatzkanal bevorzugen. Insbesondere im Konsumgüterbereich spielen Einzel- und Großhandel eine wichtige Rolle. Erst durch die Einordnung der Güter in die Sortimente des Handels konnte deren Verkäuflichkeit hergestellt werden. Der Handel kann, aufgrund seiner Vielzahl an unterschiedlichen Betriebsformen, Sortimentstypen und Verkaufsmethoden, differenzierten Kundenbedürfnissen deutlich besser entsprechen, als die Hersteller der Produkte hierzu in der Lage wären (vgl. Wirtz 2013, S. 423).

Direkter Absatz
Beim direkten Absatz, auch Direktvertrieb oder Herstellerdirektvertrieb genannt, wechselt die Leistung nach der Herstellung direkt vom Produzenten zum Kunden (vgl. Abb. 4.1).

▶ **Direkter Absatz** Beim direkten Absatz findet ein unmittelbarer Kontakt zwischen dem Hersteller und dem Endverbraucher ohne Zwischenschaltung von Absatzmittlern statt (Meffert et al. 2015, S. 522).

Unternehmen stehen verschiedene Formen des Direktvertriebes zur Verfügung, bspw. der Verkauf über den Außendienst, der Absatz über eigene Verkaufsniederlassungen oder der Katalogversand. Die genannten Formen können auch kombiniert zum Einsatz gelangen (vgl. Wirtz 2013, S. 422 f.; Meffert et al. 2015, S. 522). Mögliche Vorteile gegenüber dem indirekten Absatz sind (vgl. Hansen et al. 2015, S. 244):

- Niedrige Preise durch Einsparung von Handelsmargen,
- schnellere Abwicklung von Bestellungen,
- geringe Kapitalbindung durch Auftragsproduktion,
- umfassender Informationsfluss vom und zum Kunden sowie
- gezielte Marketingmaßnahmen auf die Endkunden.

E-Distribution lässt sich im Allgemeinen dem direkten Absatzweg zuordnen. Demnach werden keine Absatzmittler eingesetzt und es findet ein unmittelbarer Kontakt zwischen dem Anbieter und dem Endkunden statt. Um die Produkte und Leistungen zum Kunden transportieren zu können, greifen die Hersteller auf sog. Absatzhelfer zurück, die verschiedene verkaufsunterstützende Funktionen erfüllen, bspw. Lager oder Transport (vgl. Wirtz 2013, S. 423).
Die Möglichkeiten durch moderne IKT haben in den letzten Jahren zu einem erheblichen Bedeutungszuwachs des Direktvertriebes geführt. Insbesondere der Direktvertrieb über das Internet erfreut sich besonderer Beliebtheit. In diesem Zusammenhang haben sich Unternehmen etabliert, die das Internet entweder als alleinigen Absatzkanal verwenden, bspw. *Amazon,* oder als weiteren Absatzweg

mit aufgenommen haben, bspw. *Sony*. Im letzteren Fall wird vom sog. Mehrka-
nalvertrieb gesprochen, welcher aufgrund der permanenten technologischen
Weiterentwicklung ein immer bedeutender werdender Absatzkanal für viele
Unternehmen darstellt (vgl. Meffert et al. 2015, S. 522).

4.2.2 Vor- und Nachteile der E-Distribution

Die spezifischen Merkmale und Eigenschaften moderner IKT sowie des Mediums
Internet führen im Rahmen der E-Distribution aufseiten der Anbieter als auch
der Nachfrager zu einer Reihe von Vor- und Nachteilen, auf diese im Folgenden
näher eingegangen wird (vgl. Wirtz 2013, S. 420).

Vorteile der E-Distribution
Ein wesentlicher Vorteil der E-Distribution aufseiten des Anbieters ist die glo-
bale Präsenz des Angebots und damit der schnelle und einfache Zugang zu neuen
Märkten. Als Beispiel kann hier erneut die Auktionsplattform *eBay* genannt werden, die es Anbietern ermöglicht, ihre Produkte auf verschiedenen Märkten weltweit anzubieten. Ein weiterer Vorteil hierbei ist, dass der Eintritt in einen neuen
Markt kaum mit Eintrittsbarrieren verbunden ist (vgl. Wirtz 2013, S. 420).

Im Gegensatz zum traditionellen Handel erlaubt die E-Distribution eine prob-
lemlose und flexiblere Sortimentsgestaltung. Beispielsweise kann ein Sortiment
innerhalb eines Online-Shops leicht neue Produkte hinzugefügt werden, wohin-
gen der Regalplatz im physischen Handel oftmals einen Engpassfaktor darstellt.
Aufseiten der Anbieter besteht weiterhin durch den Online-Vertrieb der Vorteil,
Kundeninformationen schneller und einfacher zu erheben und auswerten zu können, sodass Kundenwünsche und -bedürfnisse bei Folgeeinkäufen besser berücksichtigt werden können (vgl. Wirtz 2013, S. 420).

Weitere Vorteile der E-Distribution aus Anbietersicht werden nachfolgend aufgelistet (vgl. Meier und Stormer 2012, S. 156):

- Der Anbieter hat direkten Kontakt mit den Kunden.
- Engpässe in der Reproduktion von insbesondere digitalen Gütern und die
  damit längere Lieferzeiten entfallen.
- Aufgrund geringeren Produktions-, Lager- und Verteilkosten resultieren Preis-
  und Kostenvorteile.
- Bei entsprechender Ausgestaltung des Distributionssystems können Nischen-
  produkte wirtschaftlicher abgesetzt werden.

Für die Nachfrager besteht die Vorteilhaftigkeit der E-Distribution hauptsächlich in der ubiquitären sowie zeit- und ortsunabhängigen Verfügbarkeit der Produkte und Dienstleistungen. Verfügen die Nachfrager weiterhin über mobile und internetfähige Endgeräte, bspw. Smartphones oder Tablet-PCs, ermöglicht die E-Distribution eine Initiierung des Bestellvorgangs sowie eine Verteilung der benötigten Güter unabhängig vom Zeitpunkt, der Zeitzone oder dem Aufenthaltsort des Nachfragers. Basierend auf verbesserten Möglichkeiten des Preisvergleichs, ausführlicher Produktbeschreibungen oder detaillierten Kundenrezessionen, ermöglicht das Internet eine erhöhte Markttransparenz und somit eine schnellere und einfachere Vergleichbarkeit der Produkte (vgl. Meier und Stormer 2012, S. 156 f.; Wirtz 2013, S. 420 f.).

Nachteile der E-Distribution

Nachteile der E-Distribution für Anbieter als auch für Nachfrager bestehen insbesondere im fehlenden physischen Kontakt zueinander sowie des Kunden mit der Ware. Oftmals wünschen sich Kunden eine persönliche Beratung, die nur schwer über einen Online-Shop, bzw. über das Internet, erfolgen kann. Beispiele für Branchen, in denen ein direkter Kundenkontakt erwünscht wird, sind die Banken- oder Versicherungsbranche. Aus Anbietersicht führt der fehlende Kundenkontakt dann zu Problemen, wenn die Abverkäufe der Produkte durch die Sinneseindrücke des Kunden beeinflusst werden. Beispiele hierfür sind Textilien oder Kosmetikartikel (vgl. Wirtz 2013, S. 421).

Weitere mögliche Nachteile für Nachfrager der E-Distribution werden nachfolgend aufgelistet (vgl. Meier und Stormer 2012, S. 157):

- Das Such-, Entscheidungs- und Kaufverhalten der Nachfrager wird in den meisten Fällen durch die Anbieter registriert und für gezielte Verkaufsaktionen vorgemerkt.
- Die Nachfrager haben in den meisten Fällen die Kosten für die Distribution zu zahlen.
- Die Nachfrager müssen beim Kauf digitaler Produkte mit Qualitätseinbußen rechnen, falls bei der Verteilung der Güter aufgrund von Kapazitätsengpässen eine Komprimierung der Produkte erfolgt. Dieses Problem entsteht häufig bei Video- oder Musik-Streaming-Anbietern.

Für Anbieter digitaler Produkte besteht zudem das Risiko der illegalen Vervielfältigung und Verteilung der im Sortiment angebotenen elektronischen Güter.

Werden bei der Planung der E-Distribution keine Schutzverfahren implementiert, wie bspw. die Verwendung von Wasserzeichen, können für die Anbieter erhebliche Nachteile entstehen. Ebenso müssen bei der Planung Aspekte des Datenschutzes berücksichtigt werden, damit Anbieter sich gegen den Missbrauch der Urheberrechte oder der Verletzung der Persönlichkeit schützen können (vgl. Meier und Stormer 2012, S. 157 f.).

4.3   Prozesse der E-Distribution

4.3.1   Einordnung der E-Distribution in die Phasen der elektronischen Geschäftsabwicklung

Die Abwicklung von Transaktionen über elektronische Medien erfordert die Ausgestaltung mehrerer Kommunikations- und Entscheidungsprozesse zwischen den einzelnen Transaktionspartnern. Hierbei lassen sich vier verschiedene Phasen unterscheiden: die Informations-, Vereinbarungs-, Abwicklungs- und After-Sales-Phase (vgl. Hansen et al. 2015, S. 193; Schulte 2013, S. 144; Wirtz 2013, S. 419). Die Phasen der elektronischen Geschäftsabwicklung sind in Abb. 4.2 abgebildet.

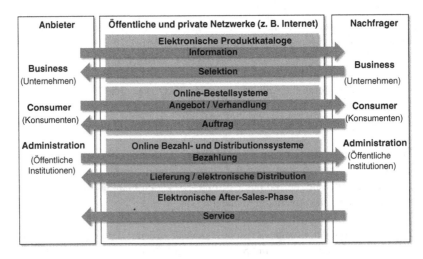

Abb. 4.2 Phasen der elektronischen Geschäftsabwicklung. (Bildrechte: in Anlehnung an Schulte 2013, S. 144)

Ausgangspunkt eines Kaufvorgangs bildet die Informationsphase, in der sich die Nachfrager nach potenziellen Produkten oder Dienstleistungen erkundigen und kaufentscheidende Informationen ermitteln. Nach der Auswahl eines Produktes und damit eines Anbieters wird in der Vereinbarungsphase die Transaktion konkretisiert und vertraglich abgesichert. In der Abwicklungsphase erfolgt die eigentliche Leistungserfüllung zu den zuvor getroffenen Vereinbarungen, d. h. der Anbieter hat die geforderten Leistungen zu erbringen und der Nachfrager die damit korrespondierende Rechnung zu begleichen. Mit der Leistungserfüllung erfolgt letztendlich der Übergang in die After-Sales-Phase, deren Schwerpunkt auf der Kundenbetreuung und -bindung liegt (vgl. Maaß 2008, S. 169; Hansen et al. 2015, S. 193 f.).

Im Kontext der elektronischen Geschäftsabwicklung befasst sich die E-Distribution mit der digitalen Abwicklung aller Geschäftsprozesse, die ab dem Zeitpunkt des Eingangs einer Online-Bestellung einsetzen (siehe Abb. 4.2). Damit ist die E-Distribution in die Abwicklungs- und After-Sales-Phase einzuordnen (vgl. Schulte 2013, S. 144). In den nachfolgenden Kapiteln werden diese Phasen näher betrachtet und erläutert.

4.3.2 Abwicklungsphase

Im Rahmen der elektronischen Geschäftsabwicklung beschäftigt sich die Abwicklungsphase mit der Bezahlung und Lieferung bzw. der digitalen Distribution von Produkten oder Dienstleistungen (siehe Abb. 4.2). Anknüpfend an die Informationsphase, in der ein Nachfrager eine konkrete Auswahl an Produkten aus einem Online-Shop getroffen hat, startet der Verkaufsprozess. Für die Durchführung einer Transaktion müssen hierzu zunächst alle Rahmenbedingungen geschaffen werden, d. h. es sind Lieferungs- und Zahlungsbedingungen zu klären und vereinbarte Konditionen einzuhalten. Zusätzlich muss der Nachfrager zur Bekundung seines Kaufwillens den AGB des Online-Shop-Betreibers zustimmen (vgl. Kollmann 2013, S. 261). Der elektronische Verkaufsprozess sowie die davor gelagerter Informationsphase sind in Abb. 4.3 dargestellt.

Nachfolgende Aspekte sollten bei der Vereinbarung eines Kaufes beachtet und für die Kunden eines Online-Shops entsprechend dokumentiert werden (vgl. Kollmann 2013, S. 261 f.).

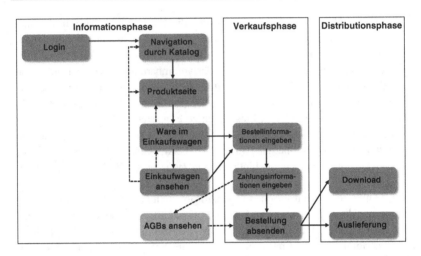

Abb. 4.3 Der elektronische Verkaufsprozess bei einem Online-Shop. (Bildrechte: in Anlehnung an Kollmann 2013, S. 263)

Verfügbarkeitsinformationen
Der Online-Shop sollte Funktionen bereitstellen die es dem Kunden ermöglicht, die Verfügbarkeit der gewünschten Produkte überprüfen zu können sowie die konkrete Lieferzeit angegeben zu bekommen. Dadurch können Missverständnisse bei der Auslieferung der Produkte bereits im Voraus vermieden werden.

Datensicherheit
Da bei einer Online-Transaktion zwangsläufig persönliche Daten der Käufer übermittelt werden, bspw. Kontodaten für die Zahlungsabwicklung oder die Anschrift des Käufers für die Anlieferung der Waren, muss der Betreiber eines Online-Shops Methoden zur sicheren Datenübertragung sowie gegen das Abfangen und Manipulieren von Kundendaten durch Dritte einbinden. Damit Kunden Vertrauen in die Seriosität des Betreibers aufbauen können, sollten daher Hinweise auf die datenschutzrechtliche Behandlung von Kundendaten für jeden zugänglich und abrufbar sein.

Konfigurationshilfen
Ist das Angebot eines Online-Shops auf personalisierte Produkte ausgerichtet, so sollte der Betreiber Konfigurationshilfen zur Verfügung stellen, damit die Kunden schnell und einfach Produkte nach ihren Vorstellungen konfigurieren können. Als Beispiel kann ein „Car-Konfigurator" auf der Webseite eines

Automobil-Herstellers genannt werden. Solche Konfiguratoren erlauben es dem Kunden, die einzelnen Modelle eines Autoherstellers virtuell auszuwählen und diese hinsichtlich der Motorisierung, Ausstattung oder Farbe zu personalisieren und das konfigurierte Auto abschließend online zu bestellen.

Zahlungsangaben
Für die Kunden eines Online-Shops sollte der Zahlungsvorgang einfach, transparent und unter den zuvor genannten Datenschutzbestimmungen erfolgen. Hierzu sollte eine ausführliche Anleitung zur Benutzung der jeweiligen Zahlungsarten den Kunden zur Verfügung gestellt werden (siehe Abschn. 2.3).

Der Abschluss der Abwicklungsphase erfolgt durch die Lieferung der im Auftrag festgehaltenen Produkte oder Dienstleistungen vom Anbieter zum Kunden. Hierbei müssen die zuvor im Vertrag vereinbarten Leistungen und Konditionen erfüllt werden, d. h. der Auftrag muss in der richtigen Menge, zum richtigen Zeitpunkt, am richtigen Ort und in der richtigen Qualität geliefert werden (vgl. Schulte 2013, S. 467). Dieser Prozess wird auch als Fulfillment bezeichnet.

▶ **Fulfillment** […] ist die Gesamtheit aller Prozesse und Funktionen, die durchgeführt werden müssen, um die Kundenbestellung schnell, komplett und mit vollständigen Begleitinformationen zum Kunden zu liefern und sie dort bei Bedarf auch wieder abzuholen (vgl. Kollmann 2013, S. 267).

Hinsichtlich der Lieferung der Ware vom Online-Shop zum Kunden muss auf warenlogistischer Ebene zwischen digitalen und physischen Produkten unterschieden werden. Traditionell erfolgt der physische Transport realer Güter, der jedoch durch den Informationsaustausch und die Bestellung per Internet geprägt ist. Moderne IKT sowie die derzeitigen Möglichkeiten des Internets erlauben auch die Übermittlung der Leistung auf elektronischem Wege. Neben dem Transport der Ware steht innerhalb der Abwicklungsphase ebenfalls die Bezahlung des Betrages vom Kunden an den Online-Shop im Vordergrund. Die Bezahlung erfolgt hierbei über verschiedene traditionelle oder netzbasierte Zahlungssysteme, deren Eigenschaften und Funktionsweisen bereits in Abschn. 2.3 erklärt wurden.

4.3.3 After-Sales-Phase

Das Internet und die damit verbundenen modernen IKT und elektronischen Medien haben inzwischen einen erheblichen Stellenwert sowohl in der Wirtschaft als auch in der Gesellschaft erlangt. Zu Beginn des E-Commerce-Hype Mitte der 90er Jahre des letzten Jahrhunderts ging es für die meisten Unternehmen im E-Business darum, möglichst schnell einen großen Marktanteil aufzubauen, um sich auf dem Markt zu etablieren. Mittlerweile sind die Unternehmen der Auffassung, dass Wettbewerbsvorteile nur auf der Basis langfristiger Kundenbeziehung generiert werden können. Hierzu werden zunehmend die Möglichkeiten des Internets realistischer bewertet und die Gewinnung loyaler Kunden in den Vordergrund der E-Business-Tätigkeiten gerückt (vgl. Maaß 2008, S. 215; Wirtz 2013, S. 584).

In diesem Kontext stehen Unternehmen insbesondere vor der Herausforderung, bestehende sowie potenzielle Kunden, aufgrund der hohen Markttransparenz im Internet, nicht an die Konkurrenz zu verlieren (Abwanderungsrate). Dies ist insofern als problematisch anzusehen, da in vielen Branchen die Kosten der Neukundengewinnung stellenweise höher sind, als die Kosten für die Betreuung von Bestandskosten und somit den Ertrag einer einmaligen Transaktion deutlich übersteigen. Die Amortisierung dieser Neukundengewinnungskosten ist oftmals nur durch die Nutzungsentgelte einer langfristigen Kundenbeziehung möglich (vgl. Maaß 2008, S. 216; Wirtz 2013, S. 584 f.; Hansen et al. 2015, S. 231).

▶ **Abwanderungsrate** Maß für die Anzahl der Kunden, die keine Produkte oder Dienstleistungen von einem Unternehmen mehr nutzen oder kaufen. Sie ist ein Maß für das Wachstum oder das Schrumpfen der Kundenbasis eines Unternehmens (Laudon et al. 2010, S. 544).

Somit ist ersichtlich, dass die Auseinandersetzungen mit dem Kundenbeziehungsmanagement innerhalb der After-Sales-Phase eine wichtige Rolle spielt. Im Rahmen des Kundenbeziehungsmanagements geht es nicht darum, alle Kunden eines Unternehmens anzusprechen. Vielmehr wird versucht, die aus kommerzieller Sicht lukrativsten Kundengruppen zu identifizieren und diese durch individuelle Angebote langfristig an das Unternehmen zu binden. Hierbei werden von den Unternehmen, in Abhängigkeit von der Branche, den Produkten oder Kunden, unterschiedliche Ziele verfolgt, bspw. die (Maaß 2008, S. 216):

- Verbesserung der Kundenzufriedenheit und -loyalität,
- Steigerung der Kaufrequenz sowie Nutzung von Cross-Selling-Potenzialen,
- Individualisierung von Werbemaßnahmen und Kaufvorschlägen,
- Erhöhung der Kommunikationseffizienz bei gleichzeitiger Kostensenkung oder
- Unterstützung des Beschwerdemanagements.

Zur Erreichung der im Kundenbindungsmanagement verfolgten Ziele stehen den Unternehmen verschiedene traditionelle Instrumente, wie z. B. das Beschwerdemanagement, die Kundenrückgewinnung oder das Cross-Selling, sowie moderne Customer-Relationship-Management-Systeme (CRM-Systeme) zur Verfügung (vgl. Maaß 2008, S. 218 f.; Wirtz 2013, S. 584). Nachfolgend werden die genannten Instrumente näher beschrieben.

Beschwerdemanagement

Im Zusammenhang mit dem Aufkommen des E-Business hat das Beschwerdemanagement an Bedeutung gewonnen. Die Aufgabe des Beschwerdemanagement ist es, unzufriedene Kunden erneut vom Unternehmen zu überzeugen. Im Zuge dieses Bearbeitungsprozesses geht es darum, die Kritik am eigenen Produkt anzuregen, aufzunehmen und zu bearbeiten. Hierbei umfasst das Beschwerdemanagement die Planung, Durchführung und Kontrolle aller Maßnahmen, die ein Unternehmen im Zusammenhang mit Beschwerden ergreift. Zur Aufnahme und Verarbeitung von Beschwerden werden im Voraus entsprechende Richtlinien formuliert, anhand denen die Rückmeldungen von Kunden überhaupt als Beschwerden klassifiziert werden. Erst dann können Maßnahmen zur Bearbeitung der Kundenbeschwerden eingeleitet werden (vgl. Stauss und Seidel 2014, S. 3; Maaß 2008, S. 219).

Kundenrückgewinnung

Die Aufgaben der Kundenrückgewinnung zielen auf die Wiederbelebung der ursprünglichen Geschäftsbeziehung ab. Ausgangspunkt bildet hierbei die Ursachenforschung, die aufklären soll, warum eine Kundenbeziehung aufgelöst wurde. Die Ursachenforschung kann hierbei in Form eines Interviews, durch ein Telefongespräch oder mittels Fragebogen durchgeführt werden. Anknüpfend an die Erhebung der möglichen Ursachen wird festgelegt, bei welchen Kunden oder -gruppen entsprechende Maßnahmen zur Rückgewinnung angesetzt werden sollten. Der Prozess der Kundenrückgewinnung endet mit einer Erfolgskontrolle, anhand derer der Erfolg der eingeleiteten Maßnahmen bewertet wird (vgl. Maaß 2008, S. 219 f.).

Cross-Selling

Hat ein Kunde, zu bereits gekauften Produkten, erweiternde Produkte oder Dienstleistungen erworben, wird dies als Cross-Selling bezeichnet. Der Fokus beim Cross-Selling liegt somit auf dem Erwerb mehrerer Produkte des eigenen Unternehmens. Voraussetzung hierzu ist eine bestehende Geschäftsbeziehung zum jeweiligen Kunden. Als Beispiel kann ein Hersteller von Kaffeepad-Maschinen genannt werden, der passende Kaffeepads selbst oder über einen Partner anbietet. Grundsätzlich müssen beim Cross-Selling die Leistungen nicht im unmittelbaren Zusammenhang stehen, allerdings ist im Fall komplementärer Produkte die Wahrscheinlichkeit größer, dass der Kunde auch Zusatzprodukte erwirbt (vgl. Maaß 2008, S. 220; Laudon et al. 2010, S. 541).

Customer-Relationship-Management
Um die in der After-Sales-Phase verfolgten Ziele erreichen zu können, spielen CRM-Systeme im E-Business eine entscheidende Rolle. Hierbei konzentriert sich das CRM auf die Steuerung und Koordination der Interaktionen eines Unternehmens mit vorhandenen als auch mit potenziellen neuen Kunden (vgl. Maaß 2008, S. 220; Laudon et al. 2010, S. 533). Hansen et al. definiert den Begriff CRM-System wie folgt:

▶ **CRM-System** […] ist ein beziehungsorientiertes, von einem Betrieb hierarchisch gesteuertes Marketinginformationssystem. Es unterstützt kundenbezogene Geschäftsprozesse auf allen Ebenen und in allen Phasen (Hansen et al. 2015, S. 230).

Zielgruppen eines CRM-Systems können sowohl Privatkunden (B2C-Bereich) als auch Geschäftskunden (B2B-Bereich) sein. Zur Erreichung dieser Zielgruppen werden nach Möglichkeit sämtliche Kanäle zur Kundenkommunikation in das CRM-System integriert, bspw. Webauftritt, E-Mail oder der persönliche Verkauf. Im Zusammenhang mit dem Einsatz im E-Business-Bereich ist stellenweise vom Einsatz elektronischer CRM-Systemen die Rede (vgl. Hansen et al. 2015, S. 230; Maaß 2008, S. 220). Der Begriff eCRM kann wie folgt definiert werden:

▶ **eCRM** […] umfasst die elektronisch basierte Analyse, Planung, Steuerung, Gestaltung und das Controlling von Geschäftsbeziehungen zu den Kunden mit dem Ziel, einen unternehmerischen Erfolgsbeitrag zu leisten (Wirtz 2013, S. 586).

Wie aus der Definition zum Begriff eCRM zu erkennen ist, besteht bis auf den Einsatz elektronischer Medien, insbesondere das Internet, kaum ein Unterschied zum „traditionellen" CRM-Begriff. Somit ist das Ziel beider CRM-Varianten ebenfalls gleich und besteht darin, die Kundenzufriedenheit, -loyalität und die -profitabilität während der gesamten Dauer der Kundenbeziehung zu erhalten und ggf. zu steigern (vgl. Meier und Stormer 2012, S. 204).

Literatur

Hansen, R.H., Mendling, J., Neumann, G.: Wirtschaftsinformatik, 11. Aufl. De Gruyter, Berlin (2015)

Kollmann, T.: E-Business. Grundlagen elektronischer Geschäftsprozesse in der Net Economy, 5. Aufl. Springer Gabler, Wiesbaden (2013)

Laudon, K.C., Laudon, J.P., Schoder, D.: Wirtschaftsinformatik. Eine Einführung, 2. Aufl. Pearson, München (2010)

Maaß, C.: E-Business Management. Gestaltung von Geschäftsmodellen in der vernetzten Wirtschaft. Lucius & Lucius, Stuttgart (2008)

Meffert, H., Burmann, C., Kirchgeorg, M.: Marketing. Grundlagen marktorientierter Unternehmensführung. Konzepte – Instrumente – Praxisbeispiele, 12. Aufl. Springer Gabler, Wiesbaden (2015)

Meier, A., Stormer, H.: eBusiness & eCommerce. Springer, Heidelberg (2012)

Schulte, C.: Logistik. Wege zur Optimierung der Supply Chain, 6. Aufl. Vahlen, München (2013)

Stauss, B., Seidel, W.: Beschwerdemanagement. Unzufriedene Kunden als profitable Zielgruppe, 5. Aufl. Hanser, München (2014)

Wirtz, B.: Electronic Business, 4. Aufl. Springer Gabler, Wiesbaden (2013)

E-Community 5

5.1 Grundlagen der E-Community

5.1.1 Definition des Begriffs E-Community

Die Entwicklung moderner und leistungsfähiger IKT hat einen großen Beitrag zum Wachstum des Internets geleistet. Neben der Etablierung tragfähiger Geschäftsmodelle (siehe Abschn. 1.3 und 2.2) erfolgte weiterhin der Auf- und Ausbau weitreichender elektronischer Kontaktnetzwerke. Diese Entwicklungen sind insbesondere durch die mittlerweile einfache Nutzung des Internets sowie dessen unterschiedlichen Kommunikationsmöglichkeiten zu verdanken (vgl. Salwik 2011, S. 173).

▶ **Elektronische Kontaktnetzwerke** [...] dienen zum Informations- und Kommunikationsaustausch zwischen zwei bereits bekannten oder unbekannten Teilnehmern und zur Pflege des Beziehungsgeflechts zwischen Teilnehmern mit Hilfe von elektronischen Funktionen (Salwik 2011, S. 173).

Als E-Communities werden elektronische Kontaktnetzwerke im Internet bezeichnet, deren Teilnehmer Personen oder Gruppen mit gleichen Interessen sind. Hierbei können Communities allgemein mit dem Begriff „Gemeinschaft" gleichgesetzt werden. Neben den Teilnehmern und deren persönlichen Beziehung zueinander, stehen das Einbringen von Gefühlen in die Community sowie die Beteiligung an Diskussionen im Vordergrund einer virtuellen Gemeinschaft (vgl. Salwik 2011, S. 173 f.). Kollmann definiert den Begriff E-Community wie folgt:

© Springer Fachmedien Wiesbaden 2016
C. Aichele und M. Schönberger, *E-Business*,
DOI 10.1007/978-3-658-13687-1_5

▶ **E-Community** Eine E-Community ermöglicht den elektronischen Kontakt zwischen Personen bzw. Institutionen über digitale Netzwerke. Damit erfolgt eine Integration von innovativen IKT sowohl zur Unterstützung des Daten- bzw. Wissensaustausch als auch der Vorbereitung transaktionsrelevanter Entscheidung (Kollmann 2013, S. 53).

Eine ähnliche Definition wird von Salwik gegeben:

▶ **E-Community** Eine E-Community (virtuelle Community) steht im allgemeinen für eine organisierte Kommunikation innerhalb internetbasierter Netzwerke, in dem Individuen in einer bestimmten Beziehung zueinander bereits stehen oder in Zukunft stehen wollen (Salwik 2011, S. 173).

Aus den genannten Definitionen wird ersichtlich, dass neben dem Gemeinschaftsgedanken der weitere Fokus auf dem Austausch von Informationen und Erfahrungen mit Gleichgesinnten liegt (vgl. Meffert et al. 2015, S. 652). Viele Anbieter von Internet-Portalen versuchen ihre Kunden an sich zu binden, indem sie Möglichkeiten bieten, sich in E-Communities zu organisieren. Dahin gehend orientieren sich virtuelle Gemeinschaften oftmals nach einem bestimmten Thema, Unternehmen oder Produkt. Weltweit gehören Soziale Netzwerke, also Netzwerke welche den Aufbau und die Pflege von zwischenmenschlichen Beziehungen umfassen, zu den meist aufgerufenen Websites im Internet (vgl. Salwik 2011, S. 175; Hansen et al. 2015, S. 214).

▶ **Soziale Netzwerke** [...] sind virtuelle Gemeinschaften, die Beziehungsgeflechte zwischen Personen und Gruppen abbilden und die Interaktionen der Beteiligten unterstützen (Hansen et al. 2015, S. 214).

Zusammenfassend kann der Begriff E-Community als ein Zusammenschluss von Menschen beschrieben werden, die ein gemeinsames Interesse haben, die untereinander regelmäßig und auf elektronischem Weg Diskussionsbeiträge verfassen und somit Kontakte knüpfen (vgl. Salwik 2011, S. 176).

5.1.2 Charakteristika von E-Communities

E-Communities lassen sich in folgende zentrale Charakteristiken unterscheiden (vgl. Janzik 2012, S. 18 ff.; Maaß 2008, S. 225; Salwik 2011, S. 176 f.):

Mitglieder

Mitglieder einer E-Community stellen als Zusammenschluss von Individuen eine Interessensgemeinschaft dar, die im Wesentlichen die Inhalte, die Ausrichtung und die Weiterentwicklung der Community bestimmen. Obwohl die Verfolgung gemeinsamer Ziele im Vordergrund steht, stellen Mitglieder keine homogene Gruppe dar. Weiterhin können Mitglieder selbst als Betreiber einer E-Community auftreten.

Gemeinsame Interessen

Wie bereits erläutert verfolgen die Mitglieder einer Community gemeinsame Ziele und/oder teilen gemeinsame Interessen. Daneben existieren auch individuelle Bedürfnisse der einzelnen Teilnehmer, bspw. das Verlangen nach sozialen Kontakten, psychologischen Beistand oder Informationen. Diese Bedürfnisse können bei den Mitgliedern unterschiedlich ausgeprägt und gewichtet sein.

Inhalte

Die Qualität und Quantität der Inhalte bilden die Basis für den Erfolg sowie die Langlebigkeit einer virtuellen Gemeinschaft und stehen in direkter Beziehung zu den Interessen und Bedürfnissen der Mitglieder. Die Inhalte werden in unterschiedlichster Art und Weise, bspw. in Form von Informationen oder Medien, oftmals innerhalb der Gemeinschaft durch die Mitglieder generiert und konsumiert. Für die Etablierung einer virtuellen Gemeinschaft ist es zu Beginn an von Vorteil, wenn zu einem bestimmten Themengebiet bereits auf vorhandene Inhalte zurückgegriffen werden kann.

Kommunikation im Internet

Der Standort der E-Community ist virtuell. Die Interaktion sowie der Informationsaustausch zwischen den Mitgliedern der Community erfolgt interaktiv über das Internet. Voraussetzung für den Zugang zu einer virtuellen Gemeinschaft ist neben einer gültigen Mitgliedschaft weiterhin ein internetfähiges Endgerät, welches ebenfalls Funktionen zur elektronischen Kommunikation bereitstellt, sowie eine Internetverbindung.

Regeln und Community Kultur

Verhaltensregeln bilden den Ausgangspunkt für den Umgang miteinander in der E-Community. Durch die Einhaltung dieser Umgangsformen soll der Austausch von Inhalten verbessert und dadurch die Entwicklung einer Community Kultur kontinuierlich unterstützt werden. Zur Etikette in virtuellen Gemeinschaften zählen grundsätzlich ein höfliches und respektvolles Verhalten den anderen

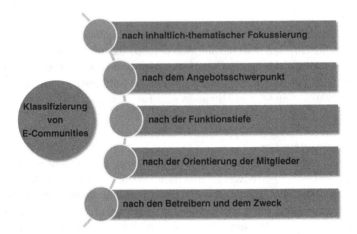

Abb. 5.1 Klassifizierung von E-Communities. (Bildrechte: vgl. Janzik 2012, S. 22f.)

Mitglieder gegenüber sowie das Verbot der Beleidigungen, sowohl in schriftlicher als auch in medialer Form, durch bspw. Fotos oder Videos.

In Abb. 5.1 ist eine Auswahl möglicher Klassifizierungen von E-Communities abgebildet. Demnach lassen sich virtuelle Gemeinschaften nach der inhaltlichen-thematischen Fokussierung, dem Angebotsschwerpunkt, der Funktionstiefe, der Orientierung der Mitglieder sowie nach dem Betreiber und dem Zweck abgrenzen. Nachfolgend werden die einzelnen Klassen kurz erläutert (vgl. Janzik 2012, S. 22):

E-Communities nach inhaltlich-thematischer Fokussierung
Inhaltlich-thematische Communities haben einen soziologischen Schwerpunkt. Der eher regionale Fokus, die Spezialisierung auf eine bestimmte Zielgruppe sowie die Einschränkung auf ein definiertes Themengebiet sind nur einige Merkmale inhaltlich-thematischer Communities. Hierunter zählen bspw. Feierabend. de, ein Portal für Senioren, oder hamburg-unity.de, eine Community speziell für die Einwohner Hamburgs.

E-Communities nach dem Angebotsschwerpunkt
Auf ein spezielles Angebot ausgerichtete E-Communities haben einen eher medien-wissenschaftlichen Schwerpunkt. Demnach steht die Generierung und Verbreitung von Inhalten, bspw. in Form von Wissen, Informationen, Videos oder Fotos, sowie der soziale Austausch im Vordergrund. Prominente Beispiele sind u. a. *YouTube, Facebook* oder *Wikipedia*.

E-Communities nach der Funktionstiefe

Nach der Funktionstiefe ausgerichtete E-Communities weisen einen techno-logischen Schwerpunkt auf und fokussieren auf den direkten oder indirekten Austausch von Inhalten sowie auf die ubiquitäre Kommunikation zwischen den Mitgliedern der Gemeinschaft. Hierunter fallen Webseiten, die entweder nur asynchrone Kommunikationsmöglichkeiten (indirekter Austausch) zur Verfügung stellen, wie bspw. Heise.de, oder Webseiten, die Diskussionsforen oder Chat-Möglichkeiten anbieten (direkter Austausch), wie bspw. motor-talk.de. Ein Bei-spiel für eine Community mit Ausrichtung auf Interaktion und Präsentation der jeweiligen Mitglieder ist das Karriereportal *Xing*.

E-Communities nach der Orientierung der Mitglieder

E-Communities lassen sich ferner nach der sozialen, kommerziellen oder professi-onellen Orientierung der Mitglieder voneinander abgrenzen. Diese Gemeinschaf-ten weisen einen soziologisch-ökonomischen Schwerpunkt auf. Während sozial orientierte Communities auf den Aufbau von Beziehungen ausgerichtet sind, wie bspw. Friendscout.de, orientieren sich kommerzielle Communities auf die Berei-che B2B, bspw. Linkedin.com, B2C, bspw. Lego.com, oder C2C, bspw. *eBay*.

E-Communities nach den Betreibern und dem Zweck

E-Communities können sowohl durch Individuen mit gleichem Interesse ini-tiiert als auch durch ein Unternehmen oder eine Organisation betrieben, bzw. gesponsert werden. Ausgehend von dieser Abgrenzung kann die Ausrichtung der Gemeinschaft nach einem der bereits zuvor erwähnten Schwerpunkte erfolgen. Im Zusammenhang mit Mitglieder-initiierten Communities haben sich in der Pra-xis insbesondere sozial orientierte, bspw. Hobby- oder Fan-Communities, sowie professionell orientierte Gemeinschaften, bspw. Open-Source- oder Lern-Com-munities, etabliert. Von Organisationen betriebene Communities haben eher eine kommerzielle, bspw. Spiele- oder Lifestyle-Communities, oder eine nicht-kom-merzielle, bspw. Support- oder Regierungs-Communities, Ausrichtung.

5.2 Kommunikationssysteme der E-Community

5.2.1 Stellenwert und Bedeutung des Web 2.0

Mit dem Sammelbegriff Web 2.0 werden die Möglichkeiten sozialer Zusammen-arbeitsformen sowie erweiterte Internettechnologien im Internet subsumiert. Das Web 2.0 entwickelte sich aus dem Web 1.0 heraus, welches hauptsächlich statische

Webseiten enthielt, die es den Benutzern nicht erlaubte, steuernd einzugreifen. Erst durch die Bereitstellung interaktiver und internetbasierter Dienste erfolgte eine Weiterentwicklung des Internets dahin gehend, dass Betreiber nicht nur Inhalte über Webseiten zur Verfügung stellen, sondern auch Möglichkeiten zur aktiven Verarbeitung und gemeinsamen Nutzung anbieten konnten (vgl. Laudon et al. 2010, S. 387; Meier und Stormer 2012, S. 14).

▶ **Web 2.0** […] ist eine Ansammlung von Anwendungen und Technologien, mit denen Benutzer Inhalte erstellen, bearbeiten, und verteilen, gemeinsame Vorlieben, Lesezeichen und Online-Rollen teilen, an virtuellen Leben teilnehmen und Online-Communities aufbauen können (Laudon et al. 2010, S. 387).

Damit ist ersichtlich, dass die Anwender im Web 2.0 eine zentrale Rolle einnehmen. Im Vergleich zum Web 1.0 hat sich das Rollenverständnis damit vom passiven Konsumenten zum aktiven Produzenten gewandelt. Ein bekanntes Beispiel hierfür ist die Online-Enzyklopädie *Wikipedia,* bei der eine kollaborative Textverarbeitung und Wissensgenerierung durch eine Online-Community erfolgt (vgl. Maaß 2008, S. 45). Zusammenfassend aus den vorangegangenen Ausführungen, können zur Charakterisierung des Web 2.0 folgende Merkmale identifiziert werden (vgl. Maaß 2008, S. 47):

- Im Web 2.0 beteiligen sich eine Vielzahl an Anwendern an der Veröffentlichung und Informationsveredelung von Inhalten.
- Online-Communities tragen dazu bei, dass zukünftig der Vernetzungsgrad von Anwendern und Inhalten rasant ansteigt.
- Unternehmen integrieren im Web 2.0 zunehmend und zu deutlich geringeren Kosten als in der Vergangenheit, Anwender in den Wertschöpfungsprozess.

5.2.2 Anwendungsbeispiele für Kommunikationssysteme im Web 2.0

In den nachfolgenden Ausführungen wird ein Überblick gegeben, welche technischen Komponenten als charakteristisch für das Web 2.0 anzusehen sind. Dabei wird nicht der Anspruch erhoben, einen vollständigen Überblick zu geben, vielmehr sollen typische Anwendungsbeispiele für die zentralen Anwendungen, Techniken und Kommunikationsmöglichkeiten im Web 2.0 vorgestellt werden.

Rich Internet Applications

Der Begriff Rich Internet Application (RIA) ist in der Literatur nicht ein-deutig definiert oder standardisiert und ist vielmehr mit der Entwicklung des Internets zum Web 2.0 entstanden. Als RIA werden solche Anwendungen zusammengefasst, die über das Internet abgerufen werden können und von ihren Funktionalitäten, ihrem Aussehen und ihrer Handhabung her dynamischen Desktopanwendungen ähneln. Dadurch ermöglicht eine RIA einem Anwender einer Webseite bspw. gängige Grundfunktionen einer Bürosoftware, wie z. B. die Verwendung von Tastenkürzeln, das Verschieben von Dateien per Drag & Drop oder 3-D-Effekte und -Animationen. Zur Realisierung von RIAs spielt insbesondere die AJAX-Technik eine zentrale Rolle (vgl. Maaß 2008, S. 44).

AJAX

AJAX steht für „Asynchronous JavaScript and XML" und bezeichnet eine Sammlung verschiedener Web-Technologien für die Darstellung von Webseiten und -inhalten. AJAX basiert auf dem Konzept der asynchronen Datenübertragung zwischen einem Server und einem Browser. Dadurch entfällt die Notwendigkeit, mit jeder neuen Serveranfrage die dargestellte Webseite neu zu laden. Vielmehr werden nur die durch den Anwender gewünschten Inhalte per HTTP-Anfrage (Hypertext Transfer Protocol) neu geladen und an die Webseite weitergegeben. Ein Beispiel hierfür ist die Webseite *Google Maps*. Benutzer können die angezeigten Kartenausschnitte verschieben, Standorte wechseln, Routen berechnen oder die Vergrößerungsmaßstäbe in Echtzeit verschieben, ohne die Webseite neu zu laden (vgl. Maaß 2008, S. 44; Laudon et al. 2010, S. 395).

Wiki

Ein Wiki ist eine online basierte Softwarelösung, die eine Plattform zur gemeinsamen Textproduktion bereitstellt. Dabei handelt es sich um einfache und weniger komplexe Content-Management-Systeme, die eine schnelle Erstellung neuer Beiträge sowie Verlinkung dieser mit bereits bestehenden Einträgen ermöglichen. Das Ziel eines Wikis ist es, Erfahrungen und Wissen gemeinschaftlich zu sammeln, zu dokumentieren und dies in einer für die Nutzer verständlichen Form entsprechend aufzubereiten. Ein Beispiel für ein Wiki ist die bereits mehrfach erwähnte Online-Enzyklopädie *Wikipedia* (vgl. Laudon et al. 2010, S. 393 f.; Prinz 2014, S. 5 f.).

Blogs

Ein Blog ist eine persönliche Webseite, die typischerweise eine Reihe von chronologischen Einträgen ihres Autors sowie Links zu damit in Beziehung stehenden

Webseiten enthält (Laudon et al. 2010, S. 393). Bei Blogs handelt es sich, ebenfalls wie bei Wikis, um einfache und freie Content-Management-Systeme, die es Anwendern ermöglichen ohne technische Vorkenntnisse eine Art Online-Tagebuch zu führen und mit anderen Internet-Usern in einen Dialog zu treten. Im Vergleich zu einer Veröffentlichung in einem Wiki ist ein Blogeintrag nicht in einer größeren Informationssammlung eingebunden und stellt meist einen geschlossenen, statischen Beitrag dar (vgl. Maaß 2008, S. 45; Prinz 2014, S. 7).

RSS

Bei RSS (Really Simple Syndication) handelt es sich um ein elektronisches Nachrichtenformat, mit dem Benutzer digitale Inhalte in sogenannten Feeds abonnieren und über das Internet automatisch auf ihre Rechner laden können (siehe Abschn. 5.3). Durch RSS werden damit neu veröffentlichte Inhalte zu einem bestimmten Thema oder Wissensgebiet unmittelbar an den Abonnenten übertragen. Aus den genannten Gründen wird die RSS-Technologie insbesondere in Blogs eingesetzt und dient weiterhin als Grundlage für Podcasts (vgl. Laudon et al. 2010, S. 397; Maaß 2008, S. 45).

Podcasts

Ein Podcast ist eine Audio- oder Videopräsentation, die im Internet verfügbar ist, über einen RSS-Feed abonniert und auf dem PC oder einem mobilen Gerät abgespielt werden kann (Laudon et al. 2010, S. 401). Die wesentlichen Unterschiede zu einem Blog besten darin, dass bei einem Podcast die Informationen nicht textbasiert sind sondern auditiv und visuell aufbereitet und verteilt werden. Hierbei dient die RSS-Technologie als Verteilservice, den die Betrachter oder Hörer von Podcasts verwenden können, um die Inhalte aus dem Internet herunterzuladen (vgl. Laudon et al. 2010, S. 401 f.; Meier und Stormer 2012, S. 16).

Mashup

Ein Mashup verknüpft und integriert die Fähigkeiten von zwei oder mehr Internetanwendungen, um eine Hybridanwendung zu erstellen, die den Kunden einen größeren Wert als jede ursprüngliche Quelle für sich alleine bietet (Laudon et al. 2010, S. 403). Somit können durch ein Mashup bislang getrennte Inhalte aus verschiedenen Anwendungen zusammengeführt werden. Ein typischer Anwendungsbereich für Mashups ist die Zusammenführung von Landkarten oder Satellitenbilder mit zusätzlichen individuellen Markierungen. Die Funktionsweise eines Mashups kann wie folgt beispielhaft verdeutlicht werden: Ein Immobilienmakler könnte über *Google Maps* eine Landkarte mit Fotomaterial der zum Verkauf stehenden Immobilien erzeugen und damit einen digitalen Produktkatalog entwerfen (vgl. Maaß 2008, S. 45; Laudon et al. 2010, S. 403).

Social Networks

Soziale Netzwerke sind virtuelle Gemeinschaften, die Beziehungsgeflechte zwischen Personen und Gruppen abbilden und die Interaktionen der Beteiligten unterstützen (Hansen et al. 2015, S. 214). Soziale Netzwerke sind höchst interaktiv, auf benutzergenerierten Inhalt angewiesen und basieren auf einer breit angelegten gesellschaftlichen Beteiligung und dem gemeinsamen Zugriff auf Inhalte und Ansichten (Laudon et al. 2010, S. 389). Im Mittelpunkt solcher Netzwerke stehen die soziale Interaktion und der Austausch von insbesondere benutzergenerierten und personenbezogenen Inhalten (vgl. Kollmann 2013, S. 336). Bekannte Beispiele für soziale Netzwerke sind *Facebook, Xing* oder *Linkedin*.

5.3 Prozesse der E-Community

Das Web 2.0 hat insbesondere auf das Marketing und den Bereich der Öffentlichkeitsarbeit einen großen Einfluss. Informationen über neue Produkte und Dienstleistungen können neben Journalisten oder Pressesprechern ebenso über Betreiber von Blogs oder Wikis ohne größeren Aufwände verbreitet werden. Dies hat zur Folge, dass sich immer mehr Personen im Vorfeld gezielt im Internet über die Produkte und Dienstleistungen eines Unternehmens informieren. Zwangsläufig müssen Unternehmen somit aktiver und über neue online basierte Kommunikationskanäle mit den Kunden in Kontakt treten. Aus Unternehmenssicht sind die neuen Möglichkeiten des Web 2.0 vor allem aufgrund der Zugangsmöglichkeiten zu Konsumentendaten interessant. Dadurch können personalisierte Werbe- und Kundenbindungsmaßnahmen entwickelt und umgesetzt werden (vgl. Maaß 2008, S. 47 ff.).

Daraus folgend wird ersichtlich, dass die Prozesse einer E-Community wesentlich von den Aktivitäten der Mitglieder abhängig sind. Entscheidend für die Gestaltung dieser Prozesse ist demnach, dass eine umfangreiche Einbindung der Mitglieder in die Community-bezogene Leistungserstellung gewährleistet wird. Dabei verschwindet die Unterscheidung zwischen Autoren, Editoren oder Konsumenten und auch die klassischen Rollenverteilungen, wie z. B. Verkäufer oder Kunde, Experte oder Laie, werden aufgebrochen. In diesem Kontext können die in Abb. 5.2 dargestellte Prozessbereiche unterschieden werden (vgl. Kollmann 2013, S. 625 f.). Nachfolgend werden die einzelnen Bereiche näher betrachtet und Kernfunktionalitäten erläutert.

Aufnahmephase

Die Mitgliedschaft in einer E-Community beginnt typischerweise mit der Aufnahmephase. In dieser Phase entschließt sich der Besucher einer Community-Webseite beizutreten. Der Beitritt erfolgt durch eine erfolgreiche Registrierung (E-Registration-Prozess) und der Angabe von Mindestinformationen zur Person

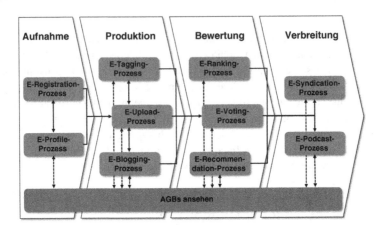

Abb. 5.2 Prozessbereiche bei der Online-Vernetzung über eine E-Community. (Bildrechte: in Anlehnung an Kollmann 2013, S. 626)

(E-Profile-Prozess). Zudem müssen oftmals die geltenden allgemeinen Geschäftsbedingungen (AGB) sowie die Verhaltensregeln und Rahmenbedingungen innerhalb der Community akzeptiert werden (vgl. Kollmann 2013, S. 626).

▶ **Kundenprofil** Ein Kundenprofil beinhaltet die Gesamtheit der Eigenschaften, die typisch für den Kunden und relevant für die Geschäftsbeziehung sind. Dazu zählen allgemeine personenbezogene Daten (Name, Anschrift, usw.), demografische Daten (Geschlecht, Alter, usw.), sozioökonomische Daten (Einkommen, Beruf, usw.), psychografische Daten (Interessen, Lifestyle, usw.), Kaufverhaltensdaten (Transaktionshäufigkeit, Umsatzvolumina, usw.) sowie der Kundenwert (Hansen et al. 2015, S. 231).

In Deutschland greift für die Nutzung personenbezogener Daten das Bundesdatenschutzgesetz. Demnach müssen die Betreiber einer E-Community die Betroffen bei der Einholung der Einwilligung über die Erhebung, Verarbeitung und Nutzung personenbezogener Daten für Kundenprofile schriftlich über die vorgesehenen Zwecke der Datenverwendung, die Folgen der Verweigerung und die Widerrufsmöglichkeit der Einwilligung informieren (vgl. Hansen et al. 2015, S. 231).

Produktionsphase
In der Produktionsphase können die in einer E-Community registrierten Mitglieder eigene und neue Inhalte generieren. Im Vergleich zu E-Procurement-Plattformen (siehe Kap. 3), in denen die Inhalte zentral vom jeweiligen Betreiber zur

Verfügung gestellt werden, werden die Inhalte einer E-Community in der Regel dezentral von den einzelnen Mitgliedern produziert. Diese Inhalte werden als User-generated Content bezeichnet und stehen folglich im Mittelpunkt der Kommunikation auf E-Community-Plattformen (vgl. Kollmann 2013, S. 592). Die Produktion von Inhalten kann sowohl direkt über eine durch die Plattform zur Verfügung gestellte Upload-Funktion (E-Upload-Prozess) oder über plattformbasierte Texteditoren (E-Blogging-Prozess; siehe Abschn. 5.2.2) als auch indirekt über die Verwendung von Schlagwörtern (E-Tagging-Prozess) erfolgen (vgl. Kollmann 2013, S. 626).

▶ **Tagging** [...] bezeichnet die Möglichkeit beliebige Inhalte wie Beiträge, Bilder, Videos und Verknüpfungen mit Schlagworten zu versehen (Prinz 2014, S. 9).

Im Kontext des E-Tagging-Prozesses werden sogenannte Tags, d. h. Schlüsselbegriffe oder Rubrikbezeichnungen, einem beliebigen E-Community-Inhalt zugeordnet, wodurch dieser klassifiziert und später durch die Community-Mitglieder besser wiedergefunden werden kann. Solche Inhalte können bspw. Texte, Fotos, Videos oder auch Musikstücke sein. Im Vergleich zur direkten Generierung von Inhalten geht es beim Tagging-Prozess vielmehr darum, vorhandene Inhalte mit eigenen Daten und Informationen indirekt anzureichern. Die gemeinschaftliche Verschlagwortung, die auch als Social Tagging bezeichnet wird, ist ein Basisprozess jeder E-Community der das Ziel verfolgt, den jeweiligen Informationsraum für die Mitglieder erschließbarer zu machen (vgl. Kollmann 2013, S. 632; Hansen et al. 2015, S. 213).

Bewertungsphase

Anknüpfend an die Produktionsphase sieht die Bewertungsphase vor, dass sämtliche Inhalte einer E-Community klassifiziert, bzw. bewertet werden. Hierbei erfolgt durch die Mitglieder einer E-Community die quantifizierende (E-Voting-Prozess) und qualifizierende (E-Ranking-Prozess) Einschätzung des User-generated Content. Zusätzlich ermöglicht die Bewertungsphase die Weitergabe von Empfehlungen (E-Recommendation-Prozess), bspw. für den Kauf von Produkten oder die Auswahl eines Hotels (vgl. Kollmann 2013, S. 626 f.).

Eine einfache Beurteilungsmethode beim E-Voting ist die Verwendung von Zählern zur Quantifizierung, wie oft ein Beitrag, ein Bild oder Video angesehen wurde. Beispiele für E-Communities, die Zähler verwenden, sind *YouTube* oder *Facebook*. Während die Methoden des E-Voting hauptsächlich festhalten, wie oft ein Inhalt abgerufen wurde, können die Methoden des E-Ranking einen quantifizierenden als auch qualifizierenden Charakter aufweisen. Bei der quantifizierenden Reihung werden bspw. Rankings zur Nutzungshäufigkeit oder der Anzahl von erstellten Inhalten eines Nutzers erstellt. Dagegen wird bei der qualifizierenden Reihung konkret auf die Qualität des eingestellten Contents Bezug genommen. Die Qualität ist dabei abhängig von dem Verhalten und der Wertigkeit der Inhalte der einzelnen Mitglieder. Damit solche Rankings erfolgreich in einer E-Community etabliert werden können, sollten die Betreiber folgende Regeln bei der Einführung beachten (vgl. Kollmann 2013, S. 636):

- Rankings müssen auf den Meinungen und Empfehlungen vieler Mitglieder basieren.
- Rankings müssen relativ fälschungssicher sein.
- Rankings müssen für alle Mitglieder transparent sein.
- Rankings müssen für alle Mitglieder zugänglich sein.

Innerhalb des E-Recommendation-Prozesses werden durch die Mitglieder einer Community bestimmte Empfehlungen bezüglich einzelner Inhalte gegenüber anderen Mitgliedern oder externen Nutzern ausgesprochen. Anhand dieser Empfehlungen wird die Zeit für die Suche und die Auswahl relevanter Informationen reduziert. Hierbei spielen Soziale Netzwerke eine zunehmend wichtigere Rolle, da die für eine personalisierte Empfehlung relevanten Informationen häufig durch die Interaktion mit anderen Nutzern gesammelt werden. Als Beispiel für die Verwendung eines Empfehlungssystems kann *Amazon* genannt werden. Neben der Möglichkeit, persönliche Produktbewertungen, Rezensionen und Erfahrungsberichte zu verfassen, verfügt *Amazon* weiterhin über ein Empfehlungssystem, welches auf Basis potenzieller und bereits gekaufter Produkte Empfehlungen für zukünftige Einkäufe an die registrierten Mitglieder ausgibt (vgl. Kollmann 2013, S. 638 f.).

Verbreitungsphase
Den Abschluss der Online-Vernetzung über eine E-Community erfolgt durch die Verbreitung des User-generated Contents zu internen Mitgliedern sowie zu außenstehenden Besuchern des Kontaktnetzwerkes. Um die Inhalte möglichst effizient und einfach zugänglich zu machen, werden von den E-Community-Plattformen verschiedene Möglichkeiten angeboten. Hierbei können zwei verschiedene Prozesse differenziert betrachtet werden: Die Verknüpfung von Inhalten verschiedener Websites (E-Syndication-Prozess) sowie der Download von aufbereiteten Inhalten in Form von Video- oder Audiodateien (E-Podcasting-Prozess).

Nutzer von User-generated Content haben über den E-Syndication-Prozess die Möglichkeit, Web-Inhalte, wie bspw. Foren- oder Blog-Einträge, über Feeds zu abonnieren. Feeds tragen somit aus der Sicht der Content-Anbieter zu einer Erhöhung der Zugriffe auf die E-Community bei, sodass die Ergebnisse von

Suchmaschinen, wie bspw. *Google* oder *Yahoo,* besser davon beeinflusst werden können. Die Realisierung dieser Prozesse erfolgt insbesondere über die RSS-Technologie (vgl. Kollmann 2013, S. 640; siehe Abschn. 5.2.2). Eine weitere Möglichkeit zur Verbreitung von E-Community-Inhalten besteht in der Form von Podcasts, deren Eigenschaften bereits in Abschn. 5.2.2 erklärt wurden.

Literatur

Hansen, R.H., Mendling, J., Neumann, G.: Wirtschaftsinformatik, 11. Aufl. De Gruyter, Berlin (2015)

Janzik, L.: Motivanalyse zu Anwenderinnovationen in Online-Communities. Springer Gabler, Wiesbaden (2012)

Kollmann, T.: E-Business. Grundlagen elektronischer Geschäftsprozesse in der Net Economy, 5. Aufl. Springer Gabler, Wiesbaden (2013)

Laudon, K.C., Laudon, J.P., Schoder, D.: Wirtschaftsinformatik. Eine Einführung, 2. Aufl. Pearson, München (2010)

Maaß, C.: E-Business Management. Gestaltung von Geschäftsmodellen in der vernetzten Wirtschaft. Lucius & Lucius, Stuttgart (2008)

Meffert, H., Burmann, C., Kirchgeorg, M.: Marketing. Grundlagen marktorientierter Unternehmensführung. Konzepte – Instrumente – Praxisbeispiele, 12. Aufl. Springer Gabler, Wiesbaden (2015)

Meier, A., Stormer, H.: eBusiness & eCommerce. Springer, Heidelberg (2012)

Prinz, W.: Konzepte und Lösungen für das soziale Intranet. In: Rogge, C., Karabasz, R. (Hrsg.) Social Media im Unternehmen – Ruhm oder Ruin. Erfahrungslandkarte einer Expedition in die Social Media-Welt, S. 1–15. Springer Vieweg, Wiesbaden (2014)

Salwik, S.: E-Communities und soziales Kapital. Implikationen für die EU. In: Kollmann, T., Kayser, I. (Hrsg.) Digitale Strategien in der Europäischen Union. Rahmenbedingungen und Entwicklungsmöglichkeiten, S. 173–194. Springer Gabler, Wiesbaden (2011)

Stichwortverzeichnis

A

Absatzhelfer, 67
Absatzmittler, 65
Abwanderungsrate, 74
Administration-to-Administration, 5
Administration-to-Business, 5
Administration-to-Consumer, 6
Admission Modell, 23
Advertising Modell, 23
After-Sales-Phase, 71, 73
AJAX, 85
Amazon, 7, 14, 67
Anforderungen, 44
Auktion, 24
    Ablauf, 24
    elektronische Auktionen, 24
    Englische Auktion, 25
    Geheime Höchstpreisauktion, 26
    Höchstpreisauktion, 25
    Holländische Auktion, 25
    Japanische Auktion, 26
    offene Auktion, 25
    verdeckte Auktion, 25
    Vickrey-Auktion, 26
    Zweitpreisauktion, 25
Ausschreibung, 27
    elektronische Ausschreibungen, 27
    geschlossen Ausschreibung, 27
    öffentlichen Ausschreibung, 27
    Online-Ausschreibungen, 27

B

Beschwerdemanagement, 75
Bezahldienste
    Kreditkarte, 48
    Lastschrift, 46
    Vorkasse, 45
BIC, 47
Blog, 85
Börse, 28
    elektronische Börsen, 28
    kontinuierliche zweiseitige Auktion, 29
    verdeckte zweiseitige Auktion, 29
Bundesdatenschutzgesetz, 88
Business Web, 9, 10
    Aggregator, 13
    Agora, 11
    Allianz, 16
    Distributor, 17
    Integrator, 14
Business-to-Administration, 6
Business-to-Business, 7
Business-to-Consumer, 7

C

Cisco, 15
Consumer-to-Administration, 7
Consumer-to-Business, 7
Consumer-to-Consumer, 8

© Springer Fachmedien Wiesbaden 2016
C. Aichele und M. Schönberger, *E-Business,*
DOI 10.1007/978-3-658-13687-1

Printed in the United States
By Bookmasters